北京自然观察手册

云和天气

王燕平　张超　著

北京出版集团
北京出版社

图书在版编目（CIP）数据

云和天气 / 王燕平，张超著. — 北京：北京出版
社，2021.10
（北京自然观察手册）
ISBN 978-7-200-16389-6

I. ①云… II. ①王… ②张… III. ①云 — 普及读物
②天气 — 普及读物 IV. ①P426.5-49②P44-49

中国版本图书馆CIP数据核字（2021）第037988号

北京自然观察手册
云和天气

王燕平　张超　著

*

北 京 出 版 集 团
　　　　　　　　　　　出版
北 京 出 版 社

（北京北三环中路6号）
邮政编码：100120

网　　　址：www.bph.com.cn
北 京 出 版 集 团 总 发 行
新 华 书 店 经 销
北京瑞禾彩色印刷有限公司印刷

*

145毫米×210毫米 9.125印张 224千字
2021年10月第1版　2022年9月第2次印刷
ISBN 978-7-200-16389-6
定价：68.00元

如有印装质量问题，由本社负责调换
质量监督电话：010-58572393

序

北京的大都市风貌固然令人流连忘返，然而北京地区的大自然也一样充满魅力，非常值得我们怀着好奇心去探索和发现。应邀为"北京自然观察手册"丛书作序，我感到非常欣慰和义不容辞。

这套丛书涵盖内容广泛，包括花鸟虫鱼、云和天气、矿物和岩石等诸多分册，集中展示了北京地区常见的自然物种和自然现象。可以说，这套丛书不仅非常适合指导各地青少年及入门级科普爱好者进行自然观察和实践，而且也是北京市民真正了解北京、热爱家乡的必读手册。

作为一名古鸟类研究者，我想以丛书中的《鸟类》分册为切入点，和广大读者朋友们分享我的感受。

查看一下我书架上有关中国野外观察类的工具书，鸟类方面比较多，最早的一本是出版于 2000 年的《中国鸟类野外手册》，还是外国人编写的，共描绘了 1329 种鸟类；2018 年赵欣如先生主编的《中国鸟类图鉴》，收录 1384 种鸟类；2020 年刘阳、陈水华两位学者主编的《中国鸟类观察手册》，收录鸟类增加到 1489 种。仅从数字上，我们就能看出中国鸟类研究与观察水平的进步。

近年来，全国各地涌现了越来越多的野外观察者与爱好者。他们走进自然，记录一草一木、一花一石，微信朋友圈里也经常能够欣赏到一些精美的照片，实在令人羡慕。特别是某些城市，甚至校园竟然拥有他们自己独特的自然观察手册。以鸟类观察为例，2018年出版的《成都市常见150种鸟类手册》受到当地自然观察者的喜爱。今年4月，我参加了苏州同里湿地的一次直播活动，欣喜地看到了苏州市湿地保护管理站依据10年观测记录，他们刚刚出版了《苏州野外观鸟手册》，记录了全市374种鸟类。我还听说，多个湿地的观鸟者们还主动帮助政府部门，为鸟类的保护做了不少实实在在的工作。去年我在参加北京翠湖湿地的活动时，看到许多观鸟者一起观察和讨论，大家一起构建的鸟类家园真让人流连忘返。

北京作为全国政治、文化和对外交流的中心，近年来在城市绿化和生态建设等方面取得长足进展，城市的宜居性不断改善，绿色北京、人文北京的理念也越来越深入人心。我身边涌现了很多观鸟爱好者。在我们每天生活的城市中观察鸟类，享受大自然带给我们的乐趣，在我看来，某种意义上这代表了一个城市，乃至一个国家文明的进步。我更认识到，在北京的大自然探索观赏中，除了观鸟，还有许多自然物种和自然现象值得我们去探究及享受观察的乐趣。

"北京自然观察手册"丛书正是一套致力于向读者多方面展现北京大自然奥秘的科普丛书，涵盖动物植物、矿物和岩石以及云和天气等方方面面，可以说是北京大自然的"小百科"。

丛书作者多才多艺、能写能画，是热心科普与自然教育的多面手。这套书源自不同领域的10多位作者对北京大自然的常年观察与深入了解。他们是自然观察者，也是大自然的守护者。我衷心希望，丛书的出版能够吸引更多的参与者，无论是青少年，还是中老年朋友们，都能加入到自然观察者、自然守护者的行列，从中享受生活中的另外一番乐趣。

人类及其他生命均来自自然，生命与自然环境的协同发展是生命演化的本质。伴随人类文明的进步，我们从探索、发现、利用（包括破坏）自然，到如今仍在学习要与自然和谐共处，共建地球生命共同体，呵护人类共有的地球家园。万物有灵，不论是尽显生命绚丽的动物植物，还是坐看沧海桑田的岩石矿物、转瞬风起云涌的云天现象，完整而真实的大自然在身边向我们诉说着一个个美丽动人的故事，也向我们展示着一个个难以想象的智慧，我们没有理由不和它们成为更好的朋友。当今科技迅猛发展，科学与人文的交融也应受到更多关注，对自然的尊重和保护无疑是人类文明进步的重要标志。

最后，我希望本套丛书能够受到广大读者们的喜爱，也衷心希望在不远的将来，能够看到每个城市、每座校园都拥有自己的自然观察手册。

演化生物学及古鸟类学家
中国科学院院士

目　录

云和天气观察指南

引言

　　云是大气的奇思妙想，也是人类想象力的舞台。它们变化多端，每天以各种不同的面貌出现在我们头顶这片天空中。云是大气垂直运动的综合体现，也是气候系统中最复杂的因素之一。云的产生与消散、发展与演变，为我们带来丰富多彩的天气景观，也在极大程度上影响着地球的气候和我们的生活。

粉色的荚状云好像巨大的棉花糖

卷云下方出现多团光滑的荚状云

如同认识其他事物一样，认识云的第一步是去感知。你可以用眼睛去看，也可以用皮肤去接触。高空中的云，只需抬起头来就能看到；而低一些的云，例如地形层云，可能会在你爬山时迎面而来、拂面而过，让你的皮肤切实感受到它的潮湿与清凉。

如果想要对云进行自然观察，你先要认识它们的名字。否则，云与你之间会很疏远，也不愿给你讲它们当中发生的有趣故事。当你用眼睛去看、用皮肤去感知多了以后，你就可以对感受到的云的自然属性进行初步梳理和鉴别了。

观察云的主要特征并对其进行识别和归类，将有助于你对丰富多变的云世界加深认识。之后，你可以收集各种各样不同名字的云，也可以不断提升收集的数量与质量。这样的收集过程，可能会激发你对云展开进一步观察的兴趣，使你找到不一样的观察角度，进而发现这个看似寻常的世界中蕴藏的神奇之处。观察过程中，如果你能因此对这个自然主题心生爱意，并能时常从中获得愉悦和新奇，那将令我们无比欢喜。

蓝天白云令人心情愉悦

有人说，天空映照心情，只有晴天才让人感到愉快。如果看到蓝天，你可能会感到心旷神怡；但当天空并不清亮时，你却可能看到各种光晕和光弧，还可能看到天空中出现彩色的笑脸，这些都是太阳光照射到云上产生的大气光学现象，它们带给你的愉悦绝不会逊于蓝蓝的天。

此外，大气层中还可能出现各种丰富的大气色彩，积雨云中电荷的分离则会产生奇幻的电学现象。这些魔法般的色彩和耀眼的亮光中，也处处潜藏着特别的惊喜。

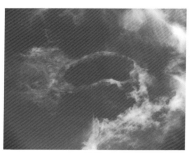

薄薄的卷云形似竹荪

你自以为很熟悉的那些云，其实也有一些很罕见、很奇特。有时这样的云只出现在特定的地理位置和地形条件下，有时它们也会忽然光顾你家附近的天空，被恰巧抬头看天的你幸运地遇见。

当你对云了解更多，对大气层中的现象了解更多时，你也会因此具备一定的预测能力。你能事先预测什么云会在什么情况下出现、会在天空中什么位置出现，你还可以根据云的动态发展预测天气可能的走势。当你对天空了解更多，天空也会向你讲述更多有趣的故事。

晚霞染红了满天的层积云

经过一段时间的历练，相信你也会成为一名资深观云者，运气好的话你还可能发现云的新品种。前些年，有观云者提出一种名为"糙面云"的新品种，这种云外形独特，很难划归到已有的云彩类别中。后来，在观云者们的共同努力下，它被正式收录到 2017 年版《国际云图》中。

笔者自身的观云经历中也曾有很多美好的瞬间，我们试图将这些感受融入这本"自然观察手册"之中，使其成为一本有温度的图书。本书的观察内容，按照公历 12 个月的顺序展开，介绍北京可见的云天现象，其中绝大部分内容是介绍各种各样的云。

　　太阳光照射到云上产生的大气光学现象，以及诸如"天空为什么是蓝色的？""云朵为什么是白色的？"之类有关云天色彩的常见问题，也被融入不同月份当中进行介绍；大气电学现象以及我们常见的天气，分别在每月的最后部分呈现给大家。

太阳光照射到毛卷层云上产生日晕

　　对云进行自然观察，就好像云本身，看似一样，却又从不一样。笔者无意于为大家提供固定的观察模式，只想通过一些必要的观察记录方法，为你打开一扇观天看云的窗，让你看到在自身好奇心和观察力的驱使下，将会开启一个怎样的奇妙新世界。在学习、实践的过程中，你也会找到自己的观察之道。那么，还等什么呢？让我们一起出发吧！

云的概况

　　说到云，古今中外的人们都对它非常熟悉。它是我们日常生活中几乎每日可见的自然存在，是人们喜爱追寻的浪漫、自由的符号象征，也是诸多文学作品与艺术作品中用来烘托氛围的重要元素。在开启本书的自然观察之旅之前，我们不妨先回归原点，看看究竟什么是云。

积雨云形似巨大的铁砧

　　在地球的周围，包裹着一层厚厚的大气层。如果按照距离地面的高度对大气层进行划分，自地面起至高度 10 千米左右，被称作对流层；距离地面 10 ～ 50 千米为平流层；距离地面 50 ～ 80 千米为中间层；再往上是热层和散逸层。

我们日常所见的云，绝大多数都位于对流层中，只有极少数云位于对流层之上的平流层和中间层中。对流层含有丰富的水蒸气，空气密度大。对流层底部由于被地表加热，经常产生对流作用，因而空气的扰动非常厉害。这些扰动被小水滴、小冰晶可视化之后，就形成了我们肉眼可见的千变万化的云。

傍晚时不同高度的淡积云和碎积云

　　形成云需要两种必不可少的材料：一是水蒸气，二是凝结核。我们用肉眼是看不见细小的水蒸气的，但当空气中有合适的凝结核时，水蒸气就会在这些凝结核周围发生凝结或凝华，形成小水滴或小冰晶，它们被统称为云质粒。无数的云质粒聚集在一起、飘浮在空中，就形成了云。

　　组成云的这些云质粒，都非常微小、非常轻盈，它们平时只是飘浮在空中。当它们聚集在一起且重量大到一定程度时，则会成为雨或雪，掉落到地面上来，为我们带来雨雪天气。

云的分类

英国著名文学家莎士比亚（William Shakespeare）曾在《安东尼和克娄巴特拉》（*Antony and Cleopatra*）中写道："有时我们看见天上的云像一条蛟龙，有时雾气会化成一只熊……转瞬间，浮云飞散了，就像一滴水落在水池里那样，分辨不出形状。"

如同莎士比亚所描绘的那样，天上的云就像流水似的持续不断地在流动和变化，看上去似乎有无限多种。有人说："对我们来说，无法识别的事物就等于不存在。"人类似乎有一种心理，对于自己能够识别的事物拥有心理上的所有权。

那么，对于云——地球上最普遍存在的事物之一，进行分类与命名，也会有助于我们更好地辨认它们、了解它们。但很显然，这是一项极具挑战性的事情。

自然界中事物的名字都是人为创造的，不同地方、不同的人起的名字可能并不统一。人类最早用拉丁文给树木命名时，曾试图引入一串描述性的短语进行组合，这种方式能够充分描述树木的主要特点，但由此形成的名字却十分冗长。

因而，给不同类别的事物命名，至少需要兼顾两点：一是描述

漏光高积云呈辐辏状

性语句不能太长；二是命名要统一。为解决这些问题，瑞典植物学家林奈（Carl von Linne）发明了一套双命名法，用拉丁属名加拉丁种名来确保命名的一致性。林奈创立的双命名法，后来成为生物命名的标准。

1802 年，英国一位业余气象学家卢克·霍华德（Luke Howard）为云设计了一套分类系统。卢克·霍华德认为，云之所以不断改变形状，是由于大气中存在那些我们看不见的过程。虽然只根据一次观察并不足以确定一个云的新类别，但云与云之间总是彼此相伴的，如果深入地进行观察便会发现，即便是变来变去，云最基本的形态始终只有那么几种。

卢克·霍华德引入了三个拉丁词语，分别是卷云（Cirrus）、积云（Cumulus）和层云（Stratus）。卷云指丝丝缕缕的云；积云指一块一块的云；层云指一大片云。处于中间过渡过程的云，可以用这些词的组合来命名，例如卷云下降并扩散，形成一大片云，就是卷层云。据此，卢克·霍华德将云分成了七个种类。

云永远不可能静止不动，但卢克·霍华德却找到了一个优雅的方案，以此解决自然界中过渡形态命名的问题。这套分类法一经发布，便立即被科学界采纳了。1896 年 9 月，在法国巴黎举行的国际气象大会年会上，专业委员会以卢克·霍华德原创的七个种类的分法为基础，创立了云彩分类官方全球标准。

淡积云形似鱼尾

这套标准将云分成十大类，并提出了最早的云属概念，其中，高度和外观是对云进行分类的主要依据。这十个大类也称十云属，它们分别是卷云、卷积云、卷层云、高积云、高层云、层积云、层云、积云、雨层云、积雨云。

按照云底高度（云体的下边缘距离地面的高度）不同，十云属的云可以被划归为不同的云族。通常来说，卷云、卷积云、卷层云归为高云族，它们的云底高度约 5000 ~ 13500 米；高积云和高层云归为中云族，它们的云底高度约 2000 ~ 7000 米；层积云、层云和积云归为低云族，它们的云底高度低于 2000 米；而雨层云和积雨云，则可以跨越多个云族。

云底高度的不同，一定程度上决定了云的组分。由于高层天空气温非常低，所以高云族的云往往由冰晶组成。中云族的云绝大多数由小水滴组成，也有少部分云的云顶包含小冰晶。低云族的云一般是由小水滴组成，但严寒地区的低云族云也可能富含冰晶，还可能会带来降雪。跨越多个云族的云，例如积雨云，成分往往是混合的，其中可能既包含小水滴也包含小冰晶。

多层荚状云

根据云的形态和内部结构，十云属的云还可以被细分为不同的种类，常见的云种包括荚状云、堡状云、絮状云等；根据云的排列方式和透明程度不同，人们又引入了变种的概念，常见的云彩变种包括透光云、辐辏状云、波状云等；此外，母体云的下方有时还会垂下一些特别的结构，通常称之为附属云或附属特征，例如悬球云、幡状云、破片云等。

从创立之初到现在，云的分类几经调整与完善。2017 年版《国际云图》将云种、变种与十云属相结合，把所有的云划分为 29 个云种、31 个变种、36 种附属云和附属特征，这是目前国际通用的官方全球标准。

荚状层积云

在这样的体系下，我们可以着重关注云种，也可以将云种、变种等信息结合起来描述云，例如云种为"荚状高积云"的云，可能排列成辐辏状（变种），此时我们可以称其为"辐辏状荚状高积云"；而云种为"絮状高积云"的云，从透明程度来看，可能为漏光云（变种），我们可以称其为"漏光絮状高积云"。需要强调的是，对于某个时刻的某一片云来说，云种是唯一的，而变种可能不止一个。

我国气象系统所用的云图系统与现在国际通用分类并不完全相同，国内一些辨识云彩的书籍中也有些以该系统为准展开介绍，其中的"积云性层积云""伪卷云"，以及更早时候使用的"向晚性层积云"等类别并不在 2017 年版《国际云图》中。本书将这几个类别也收录在内，便于大家从不同的角度去认识云。

2017 年版《国际云图》云彩分类表

云属	云种	变种	附属特征	附属云
卷云 Cirrus	毛卷云 fibratus 钩卷云 uncinus 密卷云 spissatus 堡状卷云 castellanus 絮状卷云 floccus	乱卷云 intortus 辐辏状卷云 radiatus 羽翎卷云 vertebratus 复卷云 duplicatus	悬球状卷云 mamma 迭浪卷云 fluctus	/
卷积云 Cirrocumulus	成层状卷积云 stratiformis 荚状卷积云 lenticularis 堡状卷积云 castellanus 絮状卷积云 floccus	波状卷积云 undulatus 网状卷积云 lacunosus	幡状卷积云 virga 悬球状卷积云 mamma 穿洞卷积云 cavum	/
卷层云 Cirrostratus	毛卷层云 fibratus 薄幕卷层云 nebulosus	复卷层云 duplicatus 波状卷层云 undulatus	/	/
高积云 Altocumulus	成层状高积云 stratiformis 荚状高积云 lenticularis 堡状高积云 castellanus 絮状高积云 floccus 滚卷状高积云 volutus	透光高积云 translucidus 漏光高积云 perlucidus 蔽光高积云 opacus 复高积云 duplicatus 波状高积云 undulatus 辐辏状高积云 radiatus 网状高积云 lacunosus	幡状高积云 virga 悬球状高积云 mamma 穿洞高积云 cavum 迭浪高积云 fluctus 糙面高积云 asperitas	/
高层云 Altostratus	/	透光高层云 translucidus 蔽光高层云 opacus 复高层云 duplicatus 波状高层云 undulatus 辐辏状高层云 radiatus	幡状高层云 virga 降水线迹高层云 praecipitatio 悬球状高层云 mamma	破片状高层云 pannus

云属	云种	变种	附属特征	附属云
雨层云 Nimbostratus	/	/	降水线迹雨层云 praecipitatio 幡状雨层云 virga	破片状雨层云 pannus
层积云 Stratocumulus	成层状层积云 stratiformis 荚状层积云 lenticularis 堡状层积云 castellanus 絮状层积云 floccus 滚卷状层积云 volutus	透光层积云 translucidus 漏光层积云 perlucidus 蔽光层积云 opacus 复层层积云 duplicatus 波状层积云 undulatus 辐辏状层积云 radiatus 网状层积云 lacunosus	幡状层积云 virga 悬球状层积云 mamma 降水线迹层积云 praecipitatio 迭浪层积云 fluctus 糙面层积云 asperitas 穿洞层积云 cavum	/
层云 Stratus	薄幕层云 nebulosus 碎层云 fractus	蔽光层云 opacus 透光层云 translucidus 波状层云 undulatus	降水线迹层云 praecipitatio 迭浪层云 fluctus	/
积云 Cumulus	淡积云 humilis 中积云 mediocris 浓积云 congestus 碎积云 fractus	辐辏状积云 radiatus	幡状积云 virga 降水线迹积云 praecipitatio 弧状积云 arcus 迭浪积云 fluctus 管状积云 tuba	幞状积云 pileus 缟状积云 velum 破片状积云 pannus
积雨云 Cumulonimbus	秃积雨云 calvus 鬃积雨云 capillatus	/	降水线迹积雨云 praecipitatio 幡状积雨云 virga 砧状积雨云 incus 悬球状积雨云 mamma 弧状积雨云 arcus 墙云 murus 尾云 cauda 管状积雨云 tuba	破片状积雨云 pannus 幞状积雨云 pileus 缟状积雨云 velum 吸积带 flumen

大气色彩与大气光学现象

我们平时看到的太阳光，其实只是其中的可见光部分，太阳光还包含其他不同波长的光。如果我们把可见光想成一种波，按照波长从长到短进行排列，则分别是红、橙、黄、绿、蓝、靛、紫七种颜色的光。

在地球大气层中，有很多气体分子和液态或固态的小颗粒。多数情况下，构成云的小水滴，即云滴，会以这些颗粒为核心而产生。当太阳光照射到大气层上，遇到其中的气体分子和颗粒，可能产生各种奇特的色彩和大气光学现象。

傍晚时的粉紫色曙暮光

我们熟悉的天空是蓝色的，但清晨或傍晚的天空却可能会染上霞色，形成朝霞或晚霞。当太阳即将升起前或刚刚落山后，天空中也会出现神奇的色彩——地平线之上可能会现出金色至红色的光泽，也称曙暮光。曙光对应清晨太阳升起前，暮光对应太阳落山后。日落后，当天气条件好时，东边低空还可能会出现一道平行于地平线的粉红色光带，人们称其为维纳斯带。

太阳光照射到大气中会产生色彩，照射到云中的小水滴或小冰晶上，则可能为天空带来奇特的光晕、光弧或光斑。其中最为我们熟悉的便是彩虹，有时虹的外面还会出现一道颜色排列顺序与虹相反的大圆弧，这就是霓。其实，这些都是光在大气中发生的反射、折射现象。

太阳光照射到云上还可能发生衍射现象，为我们带来日华、虹彩云。所谓衍射，指的是波在传播过程中遇到障碍物之后，绕到该障碍物背后的一种光学现象。

还有一些大气光学现象，虽不为大家所熟知，但其出现频率却很高，例如太阳上套个大圆圈，这就是日晕。最常见的晕是22度晕。有时，在22度晕的晕圈上，太阳两侧会长出两个彩色的小光斑，它们好像太阳的幻象，被称作幻日。出现日晕、幻日等光学现象时，天空中的云通常薄如一层细纱。这时，假如我们能钻到云里去看看，会发现云里到处是小冰晶，而小冰晶的周围环境非常干燥。

太阳光照到小冰晶上发生折射，还可能产生其他各种好看的光晕和光弧，例如环天顶弧、环地平弧等。运气好的观云者，还可能遇到一些极其罕见的光弧。

太阳光照射到薄云上产生虹彩

下一章节中，我们会对这些大气色彩和大气光学现象展开详细介绍。需要提醒大家的是，切记不要用眼睛直视明亮的太阳，而是要寻找一些遮挡物挡住太阳，再对大气色彩和大气光学现象进行观察。

北京的天气

云的存在，不仅为我们带来丰富多样的天空景观，其不断变化的外貌更是大气运动变化和趋势的体现，是人们分析天气和气候环境变化的重要因子。我们能看到什么样的大气色彩和大气光学现象，也都与天上的云密切相关。

我们平时说的天气，例如阴、晴、雨、雪，通常用来形容某个时刻或那个时刻附近一两天内的大气状态。如果我们将观测的时间范围拓展到几天甚至两三个月，那么观测的大气状态就是通常所说的气候。

我国处于亚洲季风控制区，每年3月到9月，亚洲夏季风主导，10月到次年2月，亚洲冬季风主导。北京地处中纬度欧亚大陆东岸，华北平原的北部，其西面、北面多山，东面、南面为平原，从地势上说，西北高、东南低，山地与平原交接，地表高差变化比较大。

在这样的地理位置和地形地势特点下，北京的季风环流比较旺盛，气候上属于温带大陆性季风气候。在季风的影响下，北京冬季和夏季相对较长，而春季和秋季则相对较短。

英状高积云

根据以往的观察记录与统计结果分析，北京上空云的分布，以西北部最多，其次是东北部，无云天气和满天有云的天气居多。而云量的多少则会随季节变化而增减，通常夏季的云量较大，冬季的云量较小，春季和秋季的云量居中。

北京冬季天空的荚状高积云

北京夏季天空的淡积云

　　春季时，北京大风天居多，干燥少雨，高空径向环流比较强，地面的天气系统变化较为剧烈，所以常常出现不稳定天气；到了夏季，受到太平洋副热带高压的影响，北京常常会刮偏南风，由于从热带海洋地区输送过来的暖湿空气充足，加上夏季气温较高，蒸发量大，因而夏季总云量偏多，天气整体来说比较潮湿，多雷雨；秋季到来后，天气转凉，由于受到高气压控制，北京的大气相对稳定，总的来说冷暖适中，晴天较多，风速不大；入冬之后，受到西伯利亚高压的控制，北京的天气开始以偏北风为主，日渐寒冷，在从北方南下的干冷空气影响下，加上气温较低，蒸发量少，这一季节的云量形成也是四季之中最少的。

北京春季天空的悬球状卷积云

北京夏季天空的降水线迹积雨云

北京秋季天空的卷积云

北京冬季天空的钩卷云

北京的冬季云量最少，能看到蓝天的日数却没有因此增多，产生这一结果的原因之一是雾霾。作为中国城市化发展最快、最典型的地区之一，北京的空气质量自21世纪初开始明显受到雾霾影响，城市化导致的区域气候差异也造成了局地灰霾分布不同。近几年，绿色发展理念深入人心，环境治理力度日益加大，雾霾得到有效治理，蓝天日数明显增多。

　　对于云量最多的夏季来说，北京的天气直观体现之一便是降雨，其中暴雨天气也有明显的季节特点。据南京信息工程大学大气科学学院孙溦的《北京地区暴雨气候特征及其变化分析》一文中统计，北京暴雨的突增期和陡减期分别为每年6月和9月，8月上旬为北京暴雨最集中的时段。暴雨日数的变化，具有多重周期性的特点。

　　　　　　　　　　夏季一场阵雨后，西边天空的悬球状积雨云

春季傍晚，北京玉渊潭公园上空的卷层云

除暴雨外，北京常规的汛期主要集中在每年7月和8月，过去七十年间，北京汛期降雨总量呈下降趋势。中国科学院大气物理研究所的专家，结合北京市各气象台站地面观测资料研究发现，近二十多年来，随着城市发展步伐加快，北京夏季降水量相比20世纪同期明显下降，城区相对湿度小于郊区且逐年下降。

北京属于内陆城市，不会像沿海城市那样在特定季节有台风光顾，但也存在一些其他灾害性天气，例如极端高温或低温天气、冰雹、沙尘暴等。近年来，在整体气候变化与环境治理工作的影响下，北京的灾害性天气情况总的来说有一定好转。

近30年来，北京的强对流天气事件，例如暴雨、冰雹、雷暴日数与以前相比变化不明显，强度有所减弱；大风、沙尘暴、大雾等天气事件减少趋势比较明显；冻雨天气可能出现在每年11月至次年4月间，其中2月出现的站次数（对于特定地区，在特定日期或时间段内，有X个气象站观测到冻雨，即记为该特定地区在特定日期或时间段内，冻雨发生X站次）最多，北京东南部的大兴区和通州区、西北部的昌平区都是冻雨发生相对较频繁的地区。

怎样观察云和天气

　　无论是我们日常所见各种各样的天气现象、丰富多变的大气色彩，还是不可思议的光学现象，归根到底都与天空中的云有着密不可分的关系。观察记录云与天气，在中国历史上早已有之，这是古代农业生产对天气状况的强烈依赖所造成的必然选择，所谓"看天吃饭"便是如此。

　　早在殷商时代，我国的农业就已经比较发达，在河南安阳殷墟出土的甲骨卜辞中，曾出现过有关于天气的卜辞。到了先秦时期，出现了专门的物候知识专篇《夏小正》。两汉之后，我国古人开始用风向器、测湿器，去探测梅雨、台风之类的天气。到了元代和明代，有关农业和航海的天气经验开始广泛流传，出现了专门的天气谚语集。

傍晚时的荚状高积云

我国古人主要从以下三个方面观察云与天气。

一是观察云的外观形态与排列特征。《汉书·天文志》曾写"陈云如立垣。杼云类杼。柚云抟而耑。杓云如绳者……钩云句曲"。《吕氏春秋》则尝试根据云的形态对云进行分类，例如"山云草莽，水云鱼鳞，旱云烟火，雨云水波"，这些说法既描述了云的外观形态，也阐释了云的形态与天气的关系。

二是观察云中的大气光学现象并分析其形成原理。唐代《礼记注疏》中曾有"若云薄漏日，日照雨滴则虹生"一说。意思是如果云彩很薄，露出太阳，那么太阳光照到雨滴上会产生彩虹。到了宋代，沈括在《梦溪笔谈》中说"虹乃雨中日影也，日照雨则有之"，其对彩虹成因的解释更进了一步。

三是观察云的动态发展与长期走势。《诗经》中说"上天同云，雨雪雰雰"。意思是说天空布满阴云，雨雪纷纷。在现有的国际分类体系中，这种阴沉沉的会带来雨雪的云叫作雨层云。

密卷云好似毛茸茸的大尾巴

如今，观察记录云与天气已成为现代气象学观测的重要内容。在观察中既要关注总云量以及不同的云各自的云量，还需要记录云的高度、云的发展行进方向等详细信息。

在本书中，云与天气是我们的自然观察对象。与气象学上的专业记录方式有所不同，自然观察的方式多种多样，也更宽泛。你可以辨识类别，也可以展开趣味联想。当你对云有一定认识之后，还可以通过观察云的变化来识别天气，并进而读懂它预示的信息。

最常见的观云方式是辨识类别。对云进行自然观察之初，你也许注意不到不同的云之间有什么区别，等到对不同种类间的区别越来越了解之后，你就会辨识出各种各样的云了。我们的大脑与眼睛有着非常独特的构造，这些构造会帮助我们逐渐形成对云的认知体系。在构建认知体系过程中，你可以参考如下几个步骤。

首先，简单了解云的分类相关基本知识。通过阅读自然观察图鉴类书籍，了解云的基本类别及其相应的主要特征。

对比图鉴观察堡状高积云

接下来，你需要走到户外，对照实物进行观察和学习。通过反复辨识，就能比较快速地掌握基本的识云方法与归类技巧。

此外，你还可以与其他观察者展开交流讨论。周围与你一样喜爱观云的朋友，或网络平台上的爱好者群体，都可以是你的交流对象，这些探讨与分享也能帮助你快速提升辨识水平。

当然，对于初学者来说，若在进行自然观察之初就把注意力分散到去认识那些平时很难见到的云种类，最终恐怕不只是浪费时间，还会感到特别疲惫，之后也很难有兴趣去进行观察了。而对于资深自然观察者来说，常见种类的云已烂熟于心，时不时找些罕见品种才会让人动力十足。本书力求照顾到不同需求与目标的观察者，让大家在观察北京的云与天气的过程中，不仅收获知识，更能提高兴趣，收获愉悦。

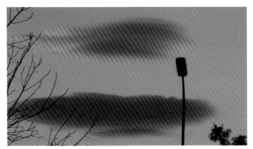
傍晚时荚状云染上好看的霞色

实地辨识云彩类别，你可以从以下几个维度着手。

1. 看云的主要外观特征。经过一段时间的观察，你会发现，虽然每时每刻的云各不相同，但也有一些云具有相似的特征，这样的云可能来自同一个云属或云种。正如二百多年前卢克·霍华德所说，粗略地看，丝丝缕缕的可能是卷云，成块出现的可能是积云，展开一大片的可能是层云。根据这些主要的外形特点，你就可以大致区分出云属，甚至云的种类。

2. 结合云的高度观察。以一块一块的云为例，即使外观相似，云块大小却可能有很大区别，这与它们所处的高度有关。云块特别小的可能是卷积云，云块中等的可能是高积云，云块偏大的则可能是层积云。

从高度上说，云块最小的卷积云高度可达 10000 米，而云块最大的层积云可能距离地面还不到 1000 米。当然，辨识云的高度，需要一段时间的实际训练。看完下一章节中对卷积云、高积云、层积云的具体介绍，相信你会对云的高度有一个初步的概念。

3. 观察云的排布方式及透明度，云的变种就是据此划分的。这里依旧以一块一块的云为例，选取距离地面高度中等的高积云。当高积云在天空中出现时，我们可能看不到太阳，也可能透过云块之间的缝隙看到蓝天。根据云的分类表，我们就能判断出，这两种情况分别对应蔽光高积云和漏光高积云。当高积云整齐地排列开，排成一条条线时，好似从地平线上某一点发射出来，这样的排列方式是云的变种之一，叫作辐辏状云。

由此看来，如果只是辨识出某一种云，似乎也不是特别难。不过，你也很容易猜到，很多时候，天空中同时有多种云共存，它们形态各异、高度不同，一起组成我们所看到的云天美景。这种多样性和层次性，也赋予了观云识云更高难度的挑战性。

漏光高积云

此外，云和天空一直都在随时间发生变化，任意时刻的云天景观都与下一时刻有所不同。这一秒，你可能看到天空中有好似逗号的钩卷云，过一会儿之后，钩卷云可能会慢慢下沉到一团暖空气上，消失不见。又或者，钩卷云在消散的过程中突然遇到一团湿润空气，使得钩卷云变厚、云量增多，甚至逐渐蔓延至整个天空，向我们宣告恶劣天气已经到来。

时间充足的情况下，多花一点时间观察云的走势，了解其动态变化特征，能帮助我们预测它们将对天气产生怎样的影响。下一章节中，我们也会介绍一些有趣的观云民谚，了解以前的人们如何观云识天。

除了中规中矩的观察方式之外，我们还可以擦亮眼睛，插上想象的翅膀，展开"趣味观云"。你可以尝试寻找天空中长得像动物的云，或者长得像某种符号（例如心形、字母形等）的云。探寻云与其他事物的这种微妙关联，也会让观云变得更有乐趣。

心形的积云

辣椒形的积云

像大写字母 A 的卷云

像数字 3 和 2 的积云

航迹云像伸出食指的拳头

高积云像……几只天鹅?

记录方法与注意事项

　　天上的云是什么种类、太阳光照射到云上产生了什么样的光学现象、云的变化为我们带来怎样的天气等等，记录这些信息的形式和内容多种多样。你可以用眼睛观察，也可以用手机或相机拍照，还可以把看到的云天景观画下来，甚至也可以用文字描述进行记录。

　　近年来，随着智能手机技术的发展，随手拍照成为最常用的记录方式之一。你可以专拍云彩本身，也可将云与人物、地面景观或特定物品结合起来，拍出独特的景观照或有趣的借位照片。将天空与特定近景结合，经过巧妙的借位，可能构思出很有创意的作品。

趣味借位摄影

　　用拍照作为记录方式时，记得"先求有"。很多时候，云的发展变化速度是超乎你想象的，当你看到天上出现有趣的云或大气现象时，很可能地面景物并不好，甚至视线中有电线或其他建筑物遮挡。不管怎样，记得先拍几张照片及时记录下来，然后再换位置寻找更好的角度。

有一次，笔者看到天上出现了好看的心形云朵，但拍照的天空环境实在杂乱，于是赶紧跑到一座过街天桥上。高处的视野开阔多了，角度也变得更好了，可是再看那云朵，却早已"变心"。

还有一次，笔者看到西边天空中晚霞绚烂，鸡蛋黄般的太阳在纷乱的钢筋混凝土丛林中若隐若现，于是赶紧骑车寻找开阔的视野，然而骑行再快也追不上太阳下落的速度，加上城市里的建筑物密度不容小觑，终究没有找到好的观测位置，而"鸡蛋黄"很快落到了地平线下，晚霞也渐渐暗淡下去。

因此，留在手机相册里的照片，也许看上去一点也不完美，但至少它们的存在也会让我们回想起，往日追逐云彩的过程中那些跑上跑下、气喘吁吁的时刻，以及一路眼见着云天景观变化和消散的心情。我们的手机或相机也许没拍到好照片，但眼睛和大脑却记录了当时的全部情景。

如果你非常热衷收集，且注重收集品类的丰富性，也可以自己制作集云记录本，将自己看到或拍到的云记录下来，标示拍摄时间和地点，并对其进行分类、整理。经过一段时间的积累，你既能收获一本特别的观云记录集，还能积攒出丰富的观云识云、观云识天气的经验。

薄薄的卷积云产生虹彩

英状云的晚霞

观云没有什么门槛，但也要注意安全。主要如下。

1. 有些云天现象比较奇特或震撼，但也会带来一定的危险。例如暴风雨、沙尘暴等。如果我们提前注意到云和天空有"暴怒"的倾向，记得赶紧与它们保持安全距离。

2. 观看大气光学现象时，切记不能用眼睛直视太阳，即使戴太阳镜也不行。一定要找一些建筑物之类的物体挡住过于耀眼的太阳光芒，再进行短时间的观看或拍摄。

以日晕为例，这种光学现象其实特别常见，但肉眼直视太阳却会对眼睛造成伤害。看见天上有日晕时，记得先寻找遮挡物（例如建筑物、路灯、电线杆等）挡住太阳光，再进行观看或拍照。如果实在找不到遮挡物，也可以伸出自己的一只手挡住太阳光。由于产生日晕的云层往往很薄，而太阳光的威力却非常巨大，所以我们一定要注意安全！

借助建筑物挡住太阳观察日晕

平均出现频率最高的大气光学现象——日晕

3.有的时候，天上会出现一些非常罕见且转瞬即逝的云，最好的记录方法当然是迅速拍照留存。但这种情况下需要注意，一定要先确保自己处于安全的环境中。如果你正在路上骑车或开车，忽然看到天上出现了特别的云，应该先把车停在路边，再进行拍摄。如果不拍照，只是观看，那也要记得不要过于入迷以至于忘了自己处于行驶之中。笔者有一次在骑行途中忽然看到天上有好看的荚状云，边骑边看，入迷间一低头，发现自己已置身十字路口，赶紧刹车。安全观云的重要性要时刻谨记。

将自行车停在路边观察多层荚状云

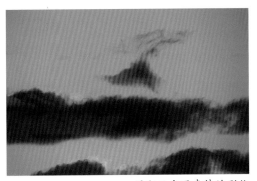

层积云出现奇特的形状

观察记录北京的云天现象这些年，笔者也曾有很多次，因为种种原因没能用手机或相机捕捉到某些精彩瞬间，难免遗憾，但转念一想，当时能够亲眼看到，就已经是最大的幸运。相比于手机相册或相机存储卡，我们的眼睛本身也是一种独特的成像底片。发现云彩世界的无限乐趣，靠的也是这一对特殊的底片。

高积云好像蓝天上的大鸟

最后，关于本书中所列条目与照片的选取，简要做以下几点说明。

1.本书所列全部条目,包括云属、云种、变种、附属云与附属特征、大气光学现象、大气色彩及天气等，适用于北京地区，其中绝大多数条目也同时适用于其他城市和地区。有个别云天现象只在极地附近、沿海地区等特定地区才能看见，这些现象未收入本书。

2. 本书的云种既有适合初学者了解的常见品类，也有为资深爱好者选取的罕见类别，这些条目被划分到不同月份中。每个月份中，云种/变种的排布顺序按照云族高低降序排列。

近年来，有一些云天现象在现有理论认为不可能出现的纬度上出现了，例如2020年7月7日，北京夜空中出现的夜光云，对爱好者来说实在是意外的惊喜，于是我们将它也收录到本书当中。

3. 本书条目与月份的对应，主要参照笔者近几年的日常观察经验与照片拍摄日期，但这并不意味着每月所列条目仅当月可见。北京四季分明，云天现象随季节变化有所不同，但大多数种类的云都可能出现在各个季节，只有个别条目仅在特定季节出现，例如积雨云仅在夏季前后可见。

4. 本书大多数照片都是笔者上下班途中用手机拍摄的，拍摄时段有限，设备也并非专业照相器材，但精彩瞬间却并不少。其实，每天都有很多精彩的云天现象在发生，我们无法用大量时间及时记录，纯粹出于喜爱而收集。

本书展示的照片只是北京近年来天空景观的一个缩影。在选取照片的过程中，我们也发现，个别种类的云与大气现象被我们忽略掉了。有的种类可能在其他城市或地区拍到过，却没在北京拍过。还有的种类我们拍到的照片并不典型，不适合在本书呈现，只能请朋友帮忙提供照片。

如果你曾在网络或其他媒体

上关注过云天主题，那么你一定注意到了，喜爱观云的人有很多，大家都曾拍到各种各样精彩的照片，假如将所有人的照片汇集起来进行挑选，那必然是一场云天主题的视觉盛宴。但对拍摄者来说，即使是一张看似普通的云彩照片，背后也可能包含一段特别的经历，一个有趣的故事。

　　观察记录不分好坏，观察过程中的聚精会神，也会使我们的好奇心像小水滴、小冰晶一样聚集起来，形成特别的云，在太阳光照耀下产生神奇的光学魔法。

远处的淡积云像在模仿松树摆造型

是的，只要多一点好奇心，多一点观察力，每个人都可以随手拍摄天空、记录天空，发现天空的惊喜，感受天空的乐趣。在这个过程中，云与天空为每个人敞开的世界都是独一无二的。不妨就此出发，开启属于你自己的云天之旅吧。

天空天空多奇妙，云彩也来画问号

北京常见的云天现象

如果我们对所有的云属、云种、变种、附属云和附属特征、大气色彩、大气光学现象、电学现象、常见天气等进行汇总和统计，便会发现，它们当中有一些在各个地方都特别常见，有些却只会出现在特定纬度或特殊海拔的地区。

　　北京地处华北平原，三面环山，盛行季风，常年以西北、西南风为多。北京虽然不靠近海边，但东南部平原继续延伸至渤海，可因此获得水汽补给。北京四季云彩皆有变化，夏季多积云、积雨云，春秋季多各种高积云、卷云，而冬季少云，因而在北京观云，应结合季节辨别其特征。

傍晚时的淡积云和碎积云

荚状高积云和卷云排成辐辏状

本书涵盖了 2017 年版《国际云图》中的所有云属、除"滚卷状高积云"和"滚卷状层积云"之外的所有云种、所有变种，以及绝大多数附属云和附属特征。"滚卷状高积云"和"滚卷状层积云"为 2017 年版《国际云图》新添的两个云种，这两种云都是在水平方向上延伸为长长的管子状，且会绕着水平轴滚动，通常见于沿海地区。

我们按照公历 12 个月的顺序来展开介绍，每个月中分别介绍 1 个云属、4 ~ 7 个云种和变种、1 ~ 4 个附属云和附属特征及其他的云、1 ~ 2 个大气色彩和大气光学现象、0 ~ 1 种天气。

为使内容均衡，每月开篇先呈现一个云属，十云属中最常见的两个云属——层积云和卷云，各出现于两个月份中。云种和变种的内容在每个月中按照其所在云族降序排列，跨越多个云族的云种放在低云族云彩之后介绍。

欲快速获知各条目所在月份及页码，可查阅本书末尾索引部分。

1 月

　　从历法上说，公历 1 月是真正的寒冷时节，也称隆冬时节。公历 1 月的 31 天中，通常半数以上的日子对应着农历十二月，也就是人们通常说的暮冬。

　　按照 21 世纪二十四节气的北京时间，对应公历中的日期范围，大约每年 1 月 4 日—6 日会迎来小寒节气，1 月 19 日—21 日会迎来大寒节气。虽然从节气上看我们来到了冬季最后的两个节气，但从名称上不难看出，它们对应的天气非常寒冷。

　　北京的 1 月，空气比较干燥，偶尔会有降雪。在西伯利亚冷空气的影响下，有时会有寒流到来，使气温骤降。北风在这个月会时不时光顾，使人的体感温度变得更低。

　　寒冷使得这个月份天空中的云常常以冰晶云为主，也就是说，我们很容易看到卷云、卷层云之类的高云族云彩。高空中大量小冰晶的存在，也让大气光晕现象的出现频率变得更高。

1 月傍晚天空中的航迹云

卷云

国际名称： *Cirrus*（缩写 Ci）
所属类群： 高云族（云属）
实用观察信息： 云体呈丝缕状，好像用笔刷在天上刷出的条纹或羽毛。颜色多为白色，较透明。北京地区终年可见，春秋两季更为常见。

卷云是十云属当中最高的云，其云底高度通常在 5000 米以上，往往伴随着高空的强风而形成。卷云的组分全都是冰晶，在强风作用下，小冰晶在蓝天上散开，呈现出丝丝缕缕的形态，非常缥缈，因而卷云也被称为最优雅的云。

卷云的厚度往往比较小，即云体较薄，所以颜色通常是纯净的白色。在蓝色的天空背景下，卷云显得格外好看。但卷云的出现有时可能会带来坏天气，如果你在观察卷云的动态发展时，注意到它在逐渐铺开，那说明高空中的水分正在增多，如果最终发展成了雨层云，一场降雨或降雪就在所难免了。

蓝天上的钩卷云

天空中有卷云覆盖时，我们可能会在太阳周围看到日晕等大气光学现象。

卷云属一共有 5 个云种、4 个变种（见 P012 的 2017 年版《国际云图》云彩分类表）。

落日余晖为毛卷云染上颜色

相似的云

卷层云（见 P238）。形态方面二者有一定的相似性，但卷层云不像卷云那样有明显的边界。

毛卷云

国际名称: *Cirrus fibratus*（缩写 *Ci fib*）

所属类群: 卷云属（云种）

实用观察信息: 云体好似被风吹起的马尾，有发丝状或纤维状结构，顶端没有钩状或圆球状结构。北京地区常年可见。

　　毛卷云是最好辨识的一类卷云，其典型特点是细白如丝缕。这些细丝在蓝天上完全伸展开来，大多数时候比较笔直，有时略带不规则弯曲。当然，究竟是笔直还是弯曲主要取决于高空的风切变（即风向、风速在空中水平或垂直距离上的变化）。

　　北京民谚"丝云连三天，必有风雨现"说的就是毛卷云，意思是如果一连几天出现毛卷云，不久后就会有风雨到来。毛卷云很少单独出现，其周围通常还会伴有絮状卷云、密卷云等其他一些云。在制造光晕方面，毛卷云比较出色。

　　如果你想拍云的借位照片，毛卷云是个不错的选择。举起一把刷子，找到合适的拍摄角度，可将毛卷云拍摄成刷子在天上刷出的杰作。

傍晚时的毛卷云

相似的云

钩卷云（见 P258）。相比毛卷云轻微的不规则弯曲，钩卷云末端有较为浓密的钩状或球状结构。

毛卷层云（见 P048）。与毛卷云一样，毛卷层云在纹理上也呈现为笔直的丝缕状结构，但通常会布满天空，没有边际。

堡状卷云

国际名称：*Cirrus castellanus*（缩写 *Ci cas*）

所属类群：卷云属（云种）

实用观察信息：由若干很小的小云块堆叠在一起形成的像小城堡般的云。云体有纤维状结构，云底较平坦，顶部有堡状凸起。

　　堡状卷云，顾名思义，指的是长得像一个个小城堡般的卷云。这种堡状结构的存在，往往是因为云彩底部的大气并不平静。也就是说，云彩底部存在着对流。从厚度上说，这种云有厚有薄，体现在颜色上便是既有灰色也有白色。

　　堡状卷云的小城堡很容易被观察者忽视掉，有时需要将拍摄的照片放大来看，才会注意到这些微小的凸起。它们多数时候包含一排凸起，像是整齐坐好的一排小朋友。

堡状卷云的小城堡整齐排列

清晨时的堡状卷云

相似的云

堡状高积云（见 P051）。从地面上观察，与堡状高积云相比，堡状卷云的高度更高，纤维状结构更加明显，云顶的凸起比较小。

堡状卷积云（见 P222）。如果云彩主体是呈丝缕结构的卷云，当顶端发生凸起即为堡状卷云；如果云彩主体是小碎块形态的卷积云，再出现向上的凸起则为堡状卷积云。

乱卷云

国际名称：*Cirrus intortus*（缩写 *Ci in*）

所属类群：卷云属（变种）

实用观察信息：云体呈纤维状、丝毛状，强烈扭曲且不规则，整体显得杂乱无章。

杂乱无章的大团乱卷云　　　　　　傍晚时的乱卷云

　　卷云属的云距离地面比较高远，纤维状的丝缕结构显得轻盈缥缈。它们大多数像是被梳子梳过，有着相对规则的"发型"。不过，也不是所有卷云都爱整齐，卷云的变种之一乱卷云，简直就像是清晨起床后没有整理发型的小家伙，云丝歪七扭八，非常混乱，像是在向我们展示什么叫作无序之美。

　　乱卷云的云丝如此扭曲且排列不规则，一看便是高空中风的杰作。不难想象，在形成乱卷云的高空中，风向一定非常混乱，才会把云丝拉向各个不同的方向。这样的混乱如果继续发展，可能会把云丝铺到更大范围的天空上，形成卷层云。

相似的云

钩卷云（见 P258）。钩卷云整体来说比较规则，一端带有钩状结构；而乱卷云则向着不同的方向强烈扭曲。

复卷云

国际名称：*Cirrus duplicatus*（缩写 *Ci du*）

所属类群：卷云属（变种）

实用观察信息：包含不止一层卷云，云体呈丝缕状，厚度较薄。透过云层可以看到不同高度上的卷云有相对运动。

复云是云彩的变种之一，由不止一层的云组成，相对来说不太容易辨认。复卷云是所有复云中高度最高的云之一，其中包含的卷云在高度上有略微的差异。不同高度的卷云重叠，有时在重叠之处粘连在一起，有时似乎各自独立。

常见的复卷云由毛卷云、钩卷云、乱卷云等组成。由于卷云本身由冰晶组成，云体很薄，看上去半透明，叠在一起也依旧是半透明的，很难确认。不过，有的时候高空中的风会为我们提供帮助。不同高度上的风向不同，每一层卷云的云丝就会朝向不同的方向。如果天空中有两层毛卷云，最终交叠在一起，会在天空画出很多小叉叉。

交错纹路密实的复卷云

相似的云

复卷层云（见 P242）。复卷层云也会在天空画出小叉叉，容易与复卷云混淆。当天空的云分不清边界，模糊连成一片时，为复卷层云；丝缕结构清晰，则为复卷云。

毛卷层云

国际名称：*Cirrostratus fibratus*（缩写 Cs fib）
所属类群：卷层云属（云种）
实用观察信息：薄纱般覆盖全天的一层云，具有条状或纤维状结构。颜色为白色，半透明。有毛卷层云时，天空看上去朦朦胧胧的，好像覆盖了一层毛玻璃，但细看又有丝丝缕缕的结构。

　　如果要评选天空中最朴素的云，毛卷层云一定是适合参评的选手之一。正是由于这种云过于稀薄，所以常常被人们忽视掉。毛卷层云出现时，很多人甚至意识不到天空中有云，只觉得天空不太透亮，看上去比较朦胧。但如果你仔细观察的话，就会发现这层朦胧的云中具有条状或纤维状结构。

　　毛卷层云这层"毛玻璃"，有时是雨层云到来前的先兆，也就是说，这种云可能最终会为我们带来降水，但降水程度并不剧烈。

　　毛卷层云中富含小冰晶，所以在制造大气光晕现象方面也是较为出色的选手之一。在1月的傍晚，我们很容易见到被夕阳染上霞色的毛卷层云。如果太阳还没落山，阳光照射到毛卷层云上常会形成幻日。

毛卷层云在明亮天光映衬下呈灰黑色

傍晚时的毛卷层云

相似的云

透光高层云（见 P246）/ **波状高层云**（见 P080）。透光高层云没有明显的
边界或结构，波状高层云的云底有波纹状结构；与这两种云相比，毛卷层云
更高且半透明，常具有纤维状结构。

薄幕卷层云

国际名称: *Cirrostratus nebulosus*（缩写 *Cs neb*）

所属类群: 卷层云属（云种）

实用观察信息: 天空看上去略显朦胧，没有云层纹理结构，可以看到蓝天。可以通过太阳周围的光晕和光弧来判断薄幕卷层云的存在。

有时候，我们看到天空的蓝色似乎略微朦胧了一点点，好像看不出任何云层结构存在的证据。或者说，整个天空好像覆盖了一层特别薄的白纱，让人感觉若有若无。这层薄纱般没有纹理的云，就是薄幕卷层云。

由于薄幕卷层云的云层极薄，所以它们的存在对天空的颜色和亮度几乎没什么影响。当你不确定看到的是不是薄幕卷层云时，可以通过太阳或月亮来验证。出现薄幕卷层云时，日晕或月晕往往比较明显，还有的时候会同时呈现出多种光弧。

民谚"日晕三更雨，月晕午时风"，说的就是薄幕卷层云出现的时候，会伴有日晕或月晕，此后的天气可能会发生变化，出现刮风下雨。

薄幕卷层云与外接晕

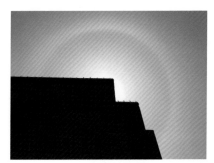

薄幕卷层云与 22 度日晕

相似的云

薄幕层云（见 P204）。薄幕层云会产生日华，不会产生日晕；而薄幕卷层云会产生日晕，一般很少产生日华。

堡状高积云

国际名称: *Altocumulus castellanus*（缩写 *Ac cas*）

别名: 炮车云、城堡云、炮台云

所属类群: 高积云属（云种）

实用观察信息: 云体厚度中等，云底较平坦，顶部有堡状凸起。

堡状高积云会在纵向上延伸出像小城堡一样的结构，从侧面看，这些小城堡有时排成整齐的一排，有时错落有致。小城堡本身并不是各自独立的，它们拥有共同的云底。

小山峰般凸起的堡状高积云

堡状凸起的目视大小，与云自身的高度有关。堡状高积云的大小介于堡状卷积云和堡状层积云之间。通常来说，半透明、比较小的城堡来自堡状卷积云；而厚重的大城堡则来自堡状层积云。

民谚"天上炮台云，不过三日雨淋淋"，说的就是堡状高积云。堡状结构的存在，表明云体内部大气不稳定。所以，当我们看到堡状高积云时，往往意味着接下来的天气并不会晴好。堡状结构越大，云体内部大气的不稳定性就越强。有时，堡状高积云还可能迅速发展，最终形成积雨云，带来降水。

相似的云

堡状层积云（见 P082）。堡状层积云比堡状高积云的云体要厚，高度要低，堡状凸起更加明显。

絮状高积云（见 P143）。从下方观看时容易将二者混淆，但絮状高积云不像堡状高积云那样有向上发展的云体，观察云彩的发展情况，可以很容易将二者区分开。

航迹云

实用观察信息：多呈细线状，细长且规整。有时会在高空风影响下发生扭曲，有时会形成悬球状、荚状等结构。在航迹云的延长线上，有时能看到正在飞行的飞机。

　　航迹云俗称飞机拉线，是由飞机喷出的尾气所形成的凝结尾迹，通常出现在卷云或卷积云所在的高度上。由于高空中的大气比较湿润，富含水汽，当飞机在行进过程中喷出尾气时，等于在空气中播撒了凝结核，水汽附着在这些凝结核上，形成小水滴。

　　航迹云通常沿着飞机飞行的路径，在蓝天上拖出长长的细线。有时候，受到高空中风的吹拂作用或气流影响，这些细线还可能发展出别的结构，例如拉出细丝或变成小小的圆团状。大气湿度不同，飞机机型不同，形成的航迹云也形态各异。

　　在飞机起飞或降落班次比较密集的时间段，蓝天上可能同时出现多道航迹云，场景十分壮观，但这种云并不受所有人欢迎。赏云协会的创立者加文·普雷特－平尼(Gavin Pretor-Pinney)曾说，对于历史剧拍摄者来讲，航迹云的存在简直就是噩梦。想想看，如果古装剧的天空背景上出现了一道道航迹云……

傍晚的航迹云被水平风吹得如同羽毛

相似的云

荚状高积云（见 P102 ）。从侧面观察，荚状高积云有时会呈条状，但边缘光滑且云体较厚；而航迹云的边缘常会呈现出小球状或纤维状结构。

辐辏状卷云（见 P260 ）。辐辏状卷云也呈条状，且为多个云条并排。航迹云通常不会这么齐整，反而可能会交错。

蓝天

我们平常所见的天空颜色多种多样，可能是红色、橙色、金色、蓝色、紫色、黑色……其中，最为我们常见和熟悉的，当然还是白天的蓝色天空。这种颜色是由太阳光自身的特点以及大气层的散射造成的结果。

太阳的辐射能力非常强，其辐射的电磁波遵从黑体辐射的规律，辐射最强的部分就是我们所见的可见光。太阳光照射到地球的大气层上，遇到云中的云滴以及空气中的气溶胶质粒，光会改变前进方向，发生散射。

天气晴朗时，大气中的主要成分是氮气和氧气。当太阳光照射到大气层上，可见光遇到比自身波长小得多的氮、氧等分子时，就会发生瑞利散射，即波长越短的光散射能力越强，波长越长的光散射能力越弱。人们将散射规律与太阳的黑体辐射规律结合起来研究发现，散射能力最强且能量最高的光便是蓝光，因而映照到我们眼中的天空便呈现出蓝色。

可自制天蓝仪比对天空的蓝度

白云

太阳光照射到大气中的小颗粒上会发生什么样的散射？这与颗粒的大小有很大关系。当大气中的颗粒较大时，达到与可见光自身波长相当的数值，就会使太阳光发生米氏散射，即可见光会被差不多均等地散射出去。

当太阳光照射到云上，云中的水滴、冰晶大小与可见光波长相当时，也会发生米氏散射。可见光中不同波长（不同颜色）的光被均等地散射，最终又重叠在一起抵达我们的眼中，形成白光，因而我们看到的云呈现为白色。

各种纹理的白色卷积云

2 月

　　从历法上说，这个月开始进入了春天。春天的第一个月是农历正月，也称孟春。但气象学意义上的春天指的是一年中首次出现连续 5 天日均气温大于或等于 10 摄氏度。显然，在气象学意义上，北京的这个月仍处于冬天。

　　按照 21 世纪二十四节气的北京时间，对应公历中的日期范围，大约每年 2 月 3 日—4 日会迎来立春节气，2 月 18 日—19 日会迎来雨水节气。北半球的白天越来越长，阳光也比上个月变得明媚。但这个月的天气却依旧是乍暖还寒，气温虽然正在逐步上升，但绝对值依旧偏低。

　　自 20 世纪 50 年代以来，北京的 2 月降雪日数渐渐变少。但气象学家通过对北京降雪日期的统计发现，1981—2010 年间，立春节气依然是北京降雪日数最多的节气。

　　随着温度回升，地面之下封存的水分的蒸发速度也相应提高。这个月的天空中会有一些低云族的云彩光顾，多数时候，天空开始由朦胧变得清澈，蓝天上有时会出现一些白色的积云。

边缘模糊的淡积云

高层云

国际名称：*Altostratus*（缩写 As）

所属类群：中云族（云属）

实用观察信息：云体大多没有明显结构，也没有明显轮廓。颜色多呈灰色，有时呈乳白色。如果天气为阴天，感觉到云很高却在地面上看不到物体的影子，此时的云便是高层云。

　　云彩世界里如果组织各种比赛，那几乎每种云都能获得属于自己的奖项。即便是看上去毫无特色的高层云，也可以去参评"最无趣的云"。高层云是"使天空变得朦朦胧胧的云"之一，通常会覆盖大片天空。相比另一种让天空变得朦胧的云——卷层云来说，高层云不会产生大气光晕现象，这一点也是辨认高层云的重要依据。

　　高层云整体比较均匀，没有明显的结构特征，所以没有云种之分。但仔细观察其局部，可能会看到条状的结构排列。如果我们隔着高层云看太阳或月亮，会看不清日月的轮廓。阳光透过高层云照射到地面上，不会使物体产生影子。高层云如果逐渐增厚，可能会带来降雨或降雪，而且降水往往会持续比较长的时间。

　　高层云没有云种的划分，一共有 5 个变种（见 P012 的 2017 年版《国际云图》云彩分类表）。

傍晚时的高层云

白天的高层云毫无特征

近处的堡状高积云和远处的高层云

相似的云

卷层云（见 P238）。卷层云有比较明显的丝缕状结构，颜色半透明；高层云则很少能见到丝缕状结构，云体呈灰色。

层云（见 P200）。层云比较低，高层云则较高。透过云体看太阳，轮廓清晰的多为层云，不清晰的则为高层云。

絮状卷积云

国际名称：*Cirrocumulus floccus*（缩写 *Cc flo*）

别名：鱼鳞云、鱼鳞天、鲭鱼天

所属类群：卷积云属（云种）

实用观察信息：通常很细碎，乍一看像细小的鱼鳞，需要仔细辨认。云体呈小团块状，边缘不太清晰，云底略不齐整。常与丝缕状的卷云相伴。

　　絮状卷积云的每个小云块，看上去就像蓝天上的一小团棉絮，因而得名。这些小云块的下部，看上去有些杂乱，排列并不规则。如果你对着絮状卷积云仔细观察一段时间，便会注意到，这些小云块之所以依偎在一起，主要是风的杰作。

　　絮状卷积云本身不会直接造成降雨，但往往会在台风等恶劣天气到来之前现身，所以历来备受沿海渔民们的重视。民谚"鱼鳞天，不雨也风颠"中所说的鱼鳞天，指的就是絮状卷积云覆盖的天空。意思是细碎的絮状卷积云布满天空，它们的小云块闪耀着光芒，看上去就像一片片小鱼鳞，这是风雨将至的前奏。

絮状卷积云周围伴有毛卷云

相似的云

漏光高积云（见 P144）/ **透光高积云**（见 P243）。这两种云的云块缝隙远小于自身的尺度，而絮状卷积云的云块大小与彼此间隙相当。此外，絮状卷积云周围往往有卷云相伴。

一大片絮状卷积云

辐辏状高积云

国际名称: *Altocumulus radiatus*（缩写 *Ac ra*）

别名: 车轮云

所属类群: 高积云属（变种）

实用观察信息: 云体较薄，呈现为条形，平行排列，每一条由若干小云块组成。在透视效应下，看上去像是汇聚于地平线上某一点。

　　"辐辏"二字中的"辐"指的是古代马车车轮上一根根的辐条，"辏"是形容辐条向中心车毂汇聚的样子，因而"辐辏"二字的意思非常形象直观，用来形容一条条汇聚到中心的样子。辐辏状高积云就是一条条高积云看上去汇聚到地平线上某一点。

　　如果辐辏状高积云覆盖的天空面积较大，呈现的视觉效果就会非常壮观，需要使用鱼眼镜头或全景拍摄模式才能一次性将这样的云天景观收进一张照片中。如果我们乘坐飞机来到平稳飞行的高度，即 12000 米左右的高空中，此时俯瞰下方的辐辏状高积云，就会看到它们呈一条条直线平行排列，十分有趣。

辐辏状高积云在天空铺开

平行排列的小云块或云条从地面上看尺寸不大，当我们站在地面上，伸直手臂对着天空，差不多 1 ～ 3 根手指的宽度对应一个小云块或云条的宽度。这些小云块或云条的颜色通常为白色，仔细看的话能看到一定的暗影。

来自西北方天空的辐辏状高积云

相似的云

辐辏状层积云（见 P084）。与辐辏状层积云相比，辐辏状高积云的高度较高，云体较薄，每个小云块的尺寸更小，而且通常不会连接成一大片。

辐辏状卷云（见 P260）。辐辏状卷云的云体以丝缕状为主；而辐辏状高积云是以云块或云条为主。

碎积云

国际名称：*Cumulus fractus*（缩写 Cu fra）

所属类群：积云属（云种）

实用观察信息：云体薄，形状多变，边缘破碎。颜色多呈白色。云块变化迅速，很容易变成别的形状或消失不见。

　　碎积云，云如其名，外观破碎，就好像被随意撕碎的小云块。不仅如此，随着时间流逝，碎积云的边缘还会继续变得破碎，最终消失在蓝天中。正常情况下，一块碎积云能够在蓝天上存在的时间为十分钟左右。

　　碎积云的尺寸有大有小，它们的共同点是外形非常不规则。如果低空中有风，碎积云会随风飘移，一边飘移一边变换外观，直至消失不见。

　　碎积云出现的时候，天气通常比较晴朗，这些破碎的小云块也预示着天气会继续晴好。民谚"天上花花云，明天晒死人"中的"花花云"，说的就是晴天出现的碎积云。2月的北京，天气晴好时很容易看到碎积云。

快速变化的碎积云

相似的云

破片云。破片云通常出现在积云、积雨云等云体下方，呈灰黑色；而碎积云通常独立存在，呈白色。

透光层积云

国际名称：*Stratocumulus translucidus*（缩写 Sc tr）
所属类群：层积云属（变种）
实用观察信息：斑块状的一层云覆盖大面积的天空，云体高度较低，颜色通常为灰白色。能透过阳光，但我们无法透过这层云看到蓝天。

　　透光层积云是位于低层大气中的一层云，通常呈现为斑块状或薄片状的云块，铺展开来连成一片。相对于其他种类的层积云而言，透光层积云的厚度偏薄，云块本身也不够浓密，所以大部分区域看上去都有些透明。透过这层云观看太阳或月亮，能够看到日月的轮廓，但比较朦胧。

　　阳光能够从透光层积云的缝隙投射下来，如果映照到水面上，可能会形成一片片光斑。在这些缝隙之间，我们通常看不到蓝天，但缝隙处的颜色相比云块本身的颜色要浅。

坏天气到来前的透光层积云

浓密的透光层积云

相似的云

蔽光层积云（见 P124）。与蔽光层积云相比，透光层积云的云体相对较薄，我们能从它的云隙中看到灰白色的阳光。

透光高积云（见 P243）。透光层积云的云块大、高度低；而透光高积云的云块小，高度更高，且斑块状结构比较明显。

幡状卷积云

国际名称：*Cirrocumulus virga*（缩写 *Cc vir*）
别名：水母云、胡子云
所属类群：卷积云属（附属特征）
实用观察信息：从卷积云云体下方垂下的丝状结构，在高空风的作用下有比较明显的弯曲。颜色通常为白色，半透明。

　　幡状云是云彩的一种附属特征，外观非常特别，看上去就好像天上游过一群水母，也像是有人拿着粗粗的毛笔在天上画了一些大逗号。这种云通常悬在母体云的下方，像弯曲的触须飘浮在大气层中。

　　幡状卷积云是幡状云中高度最高的，颜色通常为半透明，看上去很轻盈。幡状卷积云细丝状的拖尾在高空中风的猛烈吹拂下，常常形成很明显的转角，这是由云中落下的小水滴或小冰晶还没有抵达地面就被蒸发或升华掉造成的。

要判断是不是幡状卷积云，只需要着重留意你所看到的卷积云下方是否有拖尾的特征。不过，出现于傍晚时分的幡状卷积云会增加我们的判断难度，使我们不太容易感知到其所在的真实高度。一眼看去，幡状云似乎很低，再仔细看，整个拖尾都染上了霞彩，似乎很透明，没错，这就是幡状卷积云啦！

蓝天上的幡状卷积云

相似的云

幡状高积云（见 P248）。幡状高积云的母体云团块大且清晰；幡状卷积云的母体云有一定的丝缕结构，团块细小且不清晰。

朝霞映照的幡状卷积云

幡状高层云

国际名称：*Altostratus virga*（缩写 As vir）

别名：胡子云

所属类群：高层云属（附属特征）

实用观察信息：从灰白色的高层云云体下方垂下的丝状结构，多斜向一侧，无法抵达地面。多数情况下呈灰色。

　　幡状云是云彩的一种附属特征。从本质上说，能够产生这样的形态，说明云中有小水滴或小冰晶掉落。但是与那些能够产生降水的云有所不同，幡状云中的这种掉落，小水滴或小冰晶只走过了有限的一段距离，还没抵达地面就已经蒸发或者升华了。

　　幡状高层云是高层云的附属特征。多数时候，高层云由水滴组成，幡状拖尾呈现为灰色；少数情况下，高层云由冰晶组成，形成的幡状结构呈白色。

飞机上看到的幡状高层云

灰色的幡状高层云

相似的云

其他幡状云。区别主要在于幡状高层云的母体云为高层云，幡状结构通常为灰色。

日晕

实用观察信息： 太阳周围出现的彩色光环，外侧蓝，内侧红。有时为白色。天空中有冰晶组成的云（如卷层云、卷云、卷积云）时，很容易看到日晕。

卷层云形成的日晕

　　当高空之中有薄云时，太阳或月亮的周围可能会出现一个大大的光环，这种现象叫作晕（yùn）。太阳周围的光环叫日晕，月亮周围的光环叫月晕。

　　最常见的日晕为 22 度日晕，它是全天平均出现频率最高的大气光学现象。如果你朝向天空伸直手臂，张开五指，大拇指对准太阳中心，小拇指恰好对应在光环的圆圈上，那说明你看到的就是 22 度日晕。

　　22 度日晕出现的时候，说明天空中有很多呈水平方向的六边形小冰晶。如果冰晶种类不同，方向不同，还可能产生其他种类的日晕。

　　日晕的颜色为内圈红色、外圈蓝色，晕圈内的天空颜色比晕圈外要暗一些。最容易产生日晕的云是薄纱般的卷层云，当卷层云下方有水云时，由于云滴散射的缘故，会使我们看到的日晕呈现为白色。

幻日

实用观察信息：太阳两侧或一侧出现的彩色光斑。幻日与太阳中心的位置关系，有一个简单的判定方法。面朝太阳，伸直手臂，张开五指，大拇指的指尖对准太阳中心，与太阳同样高度、小拇指的指尖所在处恰好就是幻日的位置。幻日通常出现于清晨或傍晚，不会在正午前后太阳较高时产生。

当太阳落到半空之下，与地平线之间的夹角小于40度时，如果天空中有薄薄的高云族云彩，我们可能会在太阳两侧或一侧的云上看到彩色的小光斑，这就是幻日，也称假（jiǎ）日。幻日的出现频率仅次于22度日晕，比较常见。

有时候，幻日会与22度日晕同时出现，恰好位于22度日晕的大圆圈上，与太阳高度相同，因而幻日也被称作22度幻日。在幻日不是特别明亮时，靠近太阳的一侧为红色，外侧为白色；幻日特别明亮时，看上去像个白色亮斑。有时候，幻日的外侧也会水平延伸出去，贯穿整个天空，形成一个白色大环，这就是幻日环。

出现幻日时，天空中的云往往是卷云、卷层云或卷积云。研究发现，云中的六边形冰晶呈水平方向时，低低的太阳光照射到冰晶上，经过折射就会形成这样的彩色光斑。

　　　　　幻日不明亮时颜色分明　　　　　　　　　　　　　　　　幻日

幻日明亮时像一个白色亮斑　　069

雪

当云中水汽充足时，小冰晶逐渐长大，最终以固态形式降落到地面上来，就是雪。降雪时，天空中的云通常是雨层云。如果你在下雪时仰望天空，就会发现飘落的雪花是灰色的，这是由于天空背景相对明亮造成的结果。

水分子的内部构造决定了雪花的基本形态。生长之初，雪晶呈现为六边形柱状或板状晶体，非常微小，其尺寸比我们头发丝的直径还要小。当周围水汽充足时，小雪晶便开始生长。

正在下雪的北京颐和园

显微镜下的雪花（目视放大40倍拍摄）

　　周围大气的温度和湿度决定了雪花会长得枝繁叶茂还是保留最初的六边形模样。从诞生之初到飘落地面，雪晶通常需要历时半个小时左右，走过数千米的路程。每一片雪晶走过的路都是独一无二的，所以来到地面上的每一片雪花也各不相同。

　　近年来，北京的降雪日数有所减少，但也有例外。比如2019年冬天，北京的降雪次数就远超之前几年，令人惊喜。下雪时，如果环境温度低于0摄氏度，不妨试试用袖子或深色纸板去接一些雪花，用眼睛看看，或用放大镜观察，你会打开另一个新世界的大门！

显微镜下的雪花

能够让人真正感受到春天正在到来，还是要等到公历的 3 月。

按照 21 世纪二十四节气的北京时间，对应公历中的日期范围，大约每年 3 月 4 日—6 日会迎来惊蛰节气，3 月 19 日—21 日会迎来春分节气。惊蛰时，冬天隐匿起来的小动物们开始出来活动了。春分这一天，昼夜平分。春分过后，北半球的白天变得比夜晚长，气温回升已经比较明显，春暖花开的时节自此开始。个别年份中北京的迎春花在这个月末已经盛放。

3 月的天气让人感受到春光明媚，月末的时候偶尔会有降雨，也有个别年份北京会在 3 月下雪。积云、层积云等低云族的云彩，在这个月的天空十分常见。

辐辏状高积云出现在卷云下方

层积云

国际名称: *Stratocumulus*（缩写 *Sc*）

所属类群: 低云族（云属）

实用观察信息: 云块铺展开来连成层，云底平坦且距离地面较低。颜色多为白色，有时呈灰黑色。

　　层积云是北京一年四季最常见的云之一，一大片小云块连在一起，出现在低空中，形态多样。层积云的厚度从薄到厚，对应颜色从白色到灰色。它的云块通常呈斑块状或片状，排布有时紧密有时稀疏，覆盖天空面积大时可能铺满整个天空。

　　海拔高的山峰很容易穿过层积云，所以如果你去高山之巅，可能会看到山顶之下有大范围铺展开的层积云，形成壮观的云海景观。

　　层积云基本是由小水滴组成的，云的厚度不大时，可能会在太阳照射下形成虹彩云。层积云不增厚时通常不会带来降雨，但当它

积云性层积云

在天空中逐渐增厚，往往是天气变坏的象征。由此产生的降雨，通常雨势较弱，降雨时长也比较短，不会连绵不断。如果层积云逐渐向上飘升，天气则会渐渐变好。

层积云一共有 5 个云种、7 个变种（见 P012 的 2017 年版《国际云图》云彩分类表）。

傍晚时的层积云

相似的云

高积云（见 P182）。与高积云相比，层积云出现的位置低，云块相对较大，看上去较厚。

层云（见 P200）/**高层云**（见 P056）。层积云有清晰的云底轮廓，而两者没有。

雨层云（见 P096）。雨层云能产生持续的降水且云底较乱；而层积云不会产生连续降水且云底均匀。

密卷云

国际名称：*Cirrus spissatus*（缩写 Ci spi）
别名：厚卷云
所属类群：卷云属（云种）
实用观察信息：浓密的卷云成块聚集，有一定光学厚度，边缘有纤维状结构。温暖的季节常见。

密卷云，顾名思义，是一种又厚又密的卷云，通常会占据一大块天空。正是由于比较浓密，所以卷云属本身丝丝缕缕的特征在密卷云这里并不明显。密卷云的中心部位格外厚，只有边缘部分有丝缕状结构。如果恰好出现在太阳所在的位置上，密卷云还会变成灰色，并遮住太阳。

密卷云富于变化，它的出现往往意味着暖锋（锋面在移动过程中，暖空气推动锋面向冷气团一侧移动的锋）正在逼近。也就是说，接下来的一两天，天气会变得潮湿，甚至可能会出现降水。

密卷云通常出现在温暖的季节。春季天气逐渐变暖之后，一直到秋天变冷之前，北京地区都可能见到密卷云。

相似的云

伪卷云（见 P153）。积雨云消散后，顶部脱离云体，形成伪卷云。密卷云与积雨云没有关联，独立存在，可通过观察云彩的发展过程对密卷云和伪卷云进行区分。

形如凤凰的密卷云

多层荚状云

实用观察信息： 不止一层的荚状云像盘子似的堆叠在一起。春秋季常见。

在众多云种当中，荚状云是最受大家喜爱的类别之一。单个的荚状云就像扁扁的凸透镜，两头尖，中间鼓，非常可爱。在北京，经常能见到荚状高积云和荚状层积云。由于荚状云的外形富于变化，有时它们还会拉长成各种有趣的样子，比如变化成趴在天边休息的小狗形状。

空中形成荚状云的时候，上空风速往往比较强劲，潮湿空气遇到上升地形就会爬升，越过上升地形后形成荚状云。有时候，使潮湿空气被迫抬升的也可能是其他的云。形成荚状云的过程中，如果潮湿空气被干燥空气一层层切分，就会形成若干个盘子堆叠在一起的样子，这就是多层荚状云。

分割不清晰的多层荚状云

在春秋季节，北京很容易见到多层荚状云，比较常见的是多层荚状层积云和多层荚状高积云。如果你喜欢这样的云，不妨留意一下，数数你见到的多层荚状云最多能有多少层。

分割清晰的多层荚状云

波状高层云

国际名称：*Altostratus undulatus*（缩写 As un）
别名：波浪云、楼梯云
所属类群：高层云属（变种）
实用观察信息：灰色云体连接成片，云底有波纹状结构，但整体均匀。

　　波状云是云彩的变种之一，指的是云的自身表面或小云块排列发展出了波动起伏的外观。你可以把波状云想象成海面上的波浪，或者海水退去之后岸边一道道的沙脊。在十云属中，有六个云属的云拥有波状云这一变种，分别是卷积云、卷层云、高积云、高层云、层积云和层云。

　　波状高层云的云底看上去有一道一道的条纹结构，排列比较有规律。但如果从更大范围来看，它与高层云自身的特征保持一致，整体比较均匀。

　　与我们主观猜测可能不太一样的是，波状高层云的波纹排列方向与高空中的风向是垂直的，就好像原本均匀的高层云云底被风吹得掀起了皱褶。

故宫博物院上空的波状高层云

纹路较淡的波状高层云

相似的云

波状高积云（见 P185）。与波状高积云相比，波状高层云并没有明显的云块，只是云底具有波纹结构。

成层状层积云

国际名称: *Stratocumulus stratiformis*（缩写 *Sc str*）

所属类群: 层积云属（云种）

实用观察信息: 层积云向水平方向发展，连接成层，往往会覆盖大面积的天空。

浓厚的成层状层积云

连接成片的成层状层积云

"成层状"是一个云种的名字，意思是云团铺展成一层，覆盖天空中的一大片区域。顾名思义，这种铺展是沿着水平方向扩散开的。但这种扩散不是指一整个云层均匀摊开，而是指无数小云块扩散开。

成层状层积云的单个小云块呈现为团块状，比较平坦，连接成层，它们往往是因为受到上升气流的影响而形成的连续云层。有时候，成层状层积云看上去会带来大雨，这要看云层后续会怎样发展。如果云层持续增厚、变黑，那么一场大雨就在所难免了。

有时候，我们在成层状层积云的云块之间也能看到蓝色天空，这时的云块呈现为白色，云块很大，边缘不很清晰。这是判定成层状层积云的标准之一。有时候，层积云也会占据天空的一部分，与蓝天之间有明显的界线，形成"阴阳天"。

相似的云

成层状高积云（见 P184）。与成层状高积云相比，成层状层积云高度较低，云体较厚。

堡状层积云

国际名称：*Stratocumulus castellanus*（缩写 *Sc cas*）

别名：塔云、炮车云

所属类群：层积云属（云种）

实用观察信息：云底平坦，顶部有向上凸起的堡状结构。

在堡状云这一云彩种类中，云底高度最低的就是堡状层积云。和其他几种堡状云一样，堡状层积云在垂直方向上具有向上发展的堡状结构，看上去好像一个个小城堡排列成层。

堡状结构的存在往往表明云中有旺盛的对流，大气不稳定。如果对流持续进行，堡状结构便会持续生长，最终发展成浓积云甚至积雨云，带来降水。

也有一些民谚描述堡状层积云与天气的关系，例如"宝塔云，西方起，早上出现当日雨""云彩像城堡，下午大雨就来到""鬼仔划船云，大雨如倾盆"，说的都是堡状层积云可能导致降雨的情况。

向上凸起非常明显的堡状层积云

下方堡状层积云染上霞彩，上方为荚状高积云

相似的云

堡状高积云（见 P051）。与堡状高积云相比，堡状层积云高度较低，云体较厚，云顶的堡状凸起比较明显。

中积云（见 P168）/ **浓积云**（见 P166）。与中积云 / 浓积云相比，堡状层积云整体更平坦，连接成片，堡状凸起没那么明显。

083

辐辏状层积云

国际名称：*Stratocumulus radiatus*（缩写 *Sc ra*）

别名：车轮云

所属类群：层积云属（变种）

实用观察信息：一条条很粗的灰黑色云并排出现，在地面上看上去好像汇聚于远方一点。

"辐辏"二字，描绘的是一条条线汇聚到中心的状态。辐辏状云，是云彩的变种之一，指一条条云汇聚到远方地平线某一点。十云属中，一共有五个云属拥有辐辏状云这一变种，分别是卷云、高积云、高层云、层积云和积云。在所有辐辏状云中，辐辏状层积云是云底高度最低的一种。

辐辏状云之所以呈现出汇聚于远方一点的状态，实际上是透视效应的作用，就好像站在平行的火车轨道附近看，铁轨也仿佛汇聚于远方一点一样。当我们到足够高的高空中去看，会发现辐辏状层积云的云条是平行排列的。如果我们观察一段时间，还会发现云条的延伸方向多与云的运动方向保持一致。

辐辏状层积云通常不会像辐辏状高积云那样有很多条平行线，有时可能只有两三条比较明显，有时甚至只有一条。由于高度低且云条厚，在天空背景上伴随其他云层的情况下，辐辏状层积云往往呈现为灰黑色，易于辨认。

相似的云

辐辏状高积云（见 P060）。与辐辏状高积云相比，辐辏状层积云高度明显更低，云条更粗，颜色更暗。

有两三条明显云条的辐辏状层积云

只有一条明显云条的辐辏状层积云 085

向晚性层积云

国际名称：*Stratocumulus vesperalis*（缩写 *Sc ves*）
别名：向晚层积云、向夕层积云
所属类群：层积云属
实用观察信息：黄昏时层积云从垂直发展变为水平发展，形成宽大云条，云体因夕阳照射而带有红色、黄色等色彩。黄昏时在西边天空中很常见。

向晚性层积云，是从云的形成角度划分出的类别。顾名思义，这种云出现在黄昏时分，往往会因为夕阳照射而呈现出好看的颜色。试想一下，如果云层本身较厚，就不容易被染上颜色。由此我们可以推知，向晚性层积云的云体还是比较薄的。

也有不少民谚描述这种层积云染上霞彩的景象，以及这样的云可能带来怎样的天气变化。例如"早霞不出门，晚霞晒死人""朝起红霞朝落雨，晚起红霞晒死鱼"，其中的晚霞指的就是太阳光照射到云上产生的色彩，这时的云多半是向晚性层积云。

在现在的国际分类体系中，向晚性层积云已经不再使用。但这一类型的云极其常见，其名称也能体现主要特征，所以我们在这里进行介绍，供大家了解。

向晚性层积云与橙色晚霞

向晚性层积云与金色、橙红色晚霞

积云性层积云

国际名称：*Stratocumulus cumulogenitus*（缩写 *Sc cug*）

所属类群：层积云属

实用观察信息：积云向侧边发展，连接成片，云块形状不规则，云块间有间隙。颜色灰暗。当天空中有大量积云，且温度高、空气湿度大时，容易见到积云性层积云形成。

有时候，我们看到的层积云是由别的种属变化而来的。例如，如果存在一个较低的逆温层，那么积云就会停止向上发展，反而开始向侧边飘移，积云的大部分甚至全部连成一大片，由此形成的层积云叫作积云性层积云。

积云性层积云是从云的形成角度来划分的类别。事实上，在变幻的云彩世界里，原本属于这个云属的云后来变成另一个云属，也是很常见的事。发生转变之前的云被称作母云，如果母云的全部或

出现于北京怀柔水库上空的积云性层积云

积云性层积云颜色灰暗

大部分转变成了别的云属，这样的云叫作转化云。积云性层积云便是转化云的一种。在以前的《国际云图》中，积云性层积云曾是云种之一，如今不是了。我国的气象学观察体系中依然会用到这个名称。

积云性层积云更常见于沿海地区。陆地上的积云通常会在傍晚时分渐渐消散，而海面上的积云可能会一直生长到深夜，遇到逆温层之后，再朝水平方向铺展开，形成积云性层积云。

环天顶弧

实用观察信息： 高空中出现一小段倒挂的"彩虹"。通常在清晨或傍晚出现于天顶附近，靠近太阳的一侧为红色。

环天顶弧是最受大家喜爱的大气光学现象之一，有人将它比作天空的彩色笑脸。从外观上看，它就好像一小截彩虹，高挂在我们头顶上方的天空中。不过，这一小截彩虹的方向好像颠倒了，所以也有人称其为倒彩虹。靠近太阳的一侧颜色为红色，另一侧颜色为蓝色。

在清晨或傍晚，当太阳与地平线之间的角度小于32度，天上有薄薄的冰晶云，例如卷云、卷积云或卷层云，我们就有可能会在头顶上方的天空中看到环天顶弧。环天顶弧经常伴随着幻日同时出现，这是因为产生这两种大气光学现象的云彩组分都是呈水平方向的六边形冰晶。

环天顶弧在北京全年可见。如果你有兴趣对着环天顶弧录制一段延时摄影的视频影像，你会发现随着高空中的薄云如流水般流走，环天顶弧几乎在同样的位置保持不动。

环天顶弧悬挂于高空

环天顶弧与 22 度日晕、幻日

宝光

在北京地区的高山上（例如灵山、百花山等地），如果恰逢云雾缭绕，能见度比较差，当太阳从背后照射过来时，你可能会在前方的云雾中看到一个彩色的同心环。圆环的中心是你自己的影子，腿的部分显得格外长。这个彩色的圆环叫作宝光。

宝光是由于太阳光照射到云中小水滴上发生的一种光学现象。彩色同心环的外侧发蓝，内侧发红，整体比较朦胧。云中小水滴的尺寸大小决定了圆环的大小，云中水滴越小，圆环越大。

观看宝光还有一个绝佳地点，就是飞机上。乘坐飞机时，如果从背光的舷窗向下看，你可能会看到飞机的影子投射到云上，以飞机影子为中心环绕着宝光。下次出游选购飞机票时，试试选择背光靠窗的座位吧。

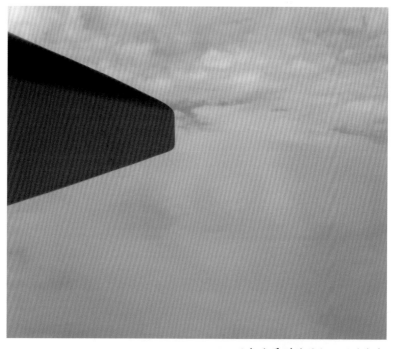

飞机上看到的层积云顶的宝光

飞机上看到的高积云顶的宝光

沙尘

沙尘中的蓝太阳

北京春季的沙尘天气，曾多次出现于历史文字中。直到20世纪80年代，北京地区依然是我国沙尘天气较为严重的区域之一，春季出行，市民纷纷头裹纱巾，抵御沙尘。近40年来，随着防沙治沙工作的有效推进，北京的沙尘天气发生的总天数有所减少。

沙尘这种灾害性天气是在特定的地理环境和大尺度环流背景下诱发形成的，沙尘天气出现时，天空会变成黄褐色，有时甚至会在地面物体的表面留下一层肉眼可见的细沙和尘土，对生态环境、建筑、交通及人类健康都会造成一定程度的危害和影响。如果遇到强风，沙尘还可以到达几千米的高空，形成沙尘暴。

沙尘天气也会带来独特的光学景观——蓝太阳。当空气中的沙尘散射太阳光，会使人仿佛置身火星，体验"火星上观看蓝色日出或日落"的神奇景象。

4 月

公历 4 月是春意正浓的好时节。随着气温回暖，雨水滋润万物，到处散发着春的气息。

按照 21 世纪二十四节气的北京时间，对应公历中的日期范围，大约每年 4 月 4 日—5 日会迎来清明节气，4 月 19 日—20 日会迎来谷雨节气。清明之后，就是人们通常所说的阳春时节，花朵盛开，燕子归来。谷雨便是春天的最后一个节气了，至此，暮春时节宣告到来。

这个月的天气状态并不太稳定，有时温暖，有时又会刮起寒冷的北风。清明节前后，时常会有绵绵细雨光顾，有时降水会持续一天以上。雨水滋润万物，也让空气中的水分更加充裕。我们很容易在这个月的天空中见到雨层云以及其他各种由小水滴组成的云。

出现于北京景山公园上空的高层云

雨层云

国际名称：*Nimbostratus*（缩写 *Ns*）
所属类群：低云族到中云族（云属）
实用观察信息：云体成片、厚重，云底结构复杂多变。能带来持续降水且不伴随电闪雷鸣。

雨层云，顾名思义，是能带来降水的层状云，也称雨云、雪云，其云底高度通常远低于 2000 米。雨层云呈灰色，甚至是灰黑色，笼罩整个天空。喜爱观云的朋友，除非是注重收集品类齐全，否则很难专门去关注这种实在不怎么好看的云。

雨层云出现时，天空中完全看不到太阳。云中充足的水分带来毛毛细雨，但不会伴随电闪雷鸣，也不会带来冰雹。降水一旦开始，通常会持续很长时间。

雨层云不是突然形成的，往往由其他的云发展变化而来。低云族的层积云，高云族的高积云、高层云，如果云层逐渐变厚，都可能形成雨层云。雨层云的下方有时会伴随着一种附属云，看上去像破碎的小云，这就是破片云。

产生降雨的雨层云

雨层云虽看似无聊,却也有自己的独特之处,它既没有云种之分,也没有变种之分。这也很容易理解,毕竟这样的云实在难以区分出什么纹理和形状,更不会有特殊的排列。

冬天产生降雪的雨层云

相似的云

高层云(见 P056)。高层云比雨层云更明亮,透过它可以看到太阳,不会带来降水。

层积云(见 P074 / P118)。层积云的云底轮廓清晰;而雨层云的云底比较杂乱。

网状卷积云

国际名称：*Cirrocumulus lacunosus*（缩写 *Cc la*）

别名：渔网云

所属类群：卷积云属（变种）

实用观察信息：丝状的卷积云中呈现出蜂窝状结构，云体的孔洞排布比较规则。

　　网状云是云彩的变种之一，其国际名称lacunosus来自拉丁语，意思是"满是洞"。这些洞不是来自云团之间，而是来自云体自身。网状云比较罕见且存在时间短暂，其中网状卷积云尤为罕见。

　　网状卷积云在日本的名称是蜂巢状卷积云，由于云体的孔洞排布比较规则，使整片云呈现出好似蜂巢的外观，因此得名。细看云层本身，网状卷积云呈薄片状，小云块尺寸较小，颜色半透明。

带有幡状结构的网状卷积云

网状卷积云的出现，可能会伴随着天气变化的发生。民谚"云乱如麻丝，风雨来不细"，指的是网状卷积云后续的发展变化可能会带来风雨。

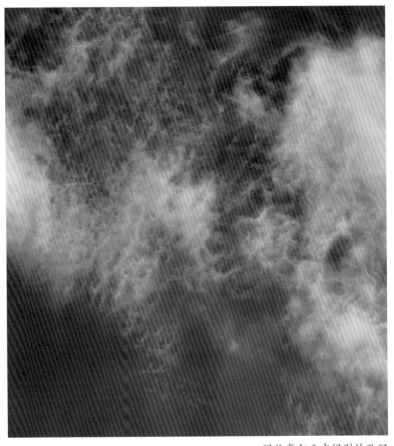

网状卷积云中规则的孔洞

相似的云

网状高积云（见 P202）/ **网状层积云**（见 P104）。网状卷积云的云体薄，颜色透明，孔洞间可见蓝天；网状高积云的云体较厚，孔洞也较大；网状层积云一般是灰色的，孔洞大，并且孔洞间是白色的云，而非蓝天。

波状卷层云

国际名称：*Cirrostratus undulatus*（缩写 Cs un）

别名：波浪云

所属类群：卷层云属（变种）

实用观察信息：遍布天空的卷层云底部呈现出波浪状特征。云层整体为白色，半透明。

　　前面我们提到，波状云是云彩的变种之一，十个云属中有六个云属拥有波状云这一变种。波状卷层云指的是卷层云的表面发展出了波动外观。由于卷层云是铺展成一大片的层状云中最高的云，云层较薄，所以波状卷层云的波纹之间是更为透明的薄纱般的云，而不是天空。

　　如果你有幸看到波状卷层云出现时太阳周围恰好有日晕，那么不妨留意一下波纹缝隙处，看看日晕的大光环在缝隙处会不会消失。答案是否定的，无论是波纹处，还是两条波纹之间的缝隙处，日晕都是连续的。

　　波状卷层云如果出现于冷空气到来前，那么其后续的发展很可能会带来降水，如同民谚所说"满天水上波，有雨跑不脱"。

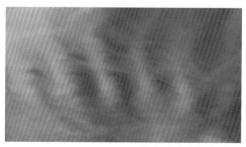

半透明的波状卷层云

相似的云

波状卷积云（见 P183）。波状卷积云能够看出明显的小团块，波状卷层云则没有。

波状卷层云好似水波

荚状高积云

国际名称: *Altocumulus lenticularis*（缩写 Ac len）
别名: 飞碟云、梭子云
所属类群: 高积云属（云种）
实用观察信息: 云体好似凸透镜状。春秋季常见。

　　荚状云是外形最可爱的云种之一，常见于卷积云、高积云和层积云中。其中，荚状高积云在北京的天空中出现频率非常高，其外形就好像轮廓清晰的凸透镜。荚状高积云形态优雅、富于变化，经常给人们带来惊喜，傍晚时分染上霞彩的荚状云更是格外好看。

　　荚状高积云的形成，是由于一层流动的潮湿空气行进中忽然被抬升所致。上升地形或其他的云体，都可能充当这个抬升气流的物体。如果你对着荚状高积云观察一段时间，就会发现周围的云随波逐流，而荚状高积云却好像静止不动。

　　荚状高积云的出现往往伴有风，在北京山区，荚状高积云可能会带来不稳定天气，如同民谚所说"连日多阴沉，忽见豆荚云，云向西边去，雨雪定来临"。

白色的荚状高积云

傍晚时的荚状高积云

荚状高积云

相似的云

荚状层积云（见 P120）。与荚状层积云相比，荚状高积云的云体较薄，位置较高。

荚状卷积云（见 P220）。荚状高积云有比较明显的阴影；而荚状卷积云通常薄如轻纱。

103

网状层积云

国际名称：*Stratocumulus lacunosus*（缩写 *Sc la*）
别名：渔网云
所属类群：层积云属（变种）
实用观察信息：层积云中出现规则的孔洞。云层较低，孔洞较大。

  网状云是云彩的变种之一，可见于卷积云、高积云、层积云中。相比其他云彩变种，网状云很罕见，存在时间也比较短，需要格外留意才会观察到。

  网状层积云指的是层积云的云层上出现比较规则的孔洞。这种孔洞来自层积云自身，而不是来自不同云团之间。直观看去，这些孔洞排列在一起好像粗糙的蜂窝。网状层积云覆盖的天空面积比较大，演化比较迅速，一旦看到它，建议迅速拍照留存。

  网状层积云的孔洞是由一团团冷空气下沉形成的。如果你收集齐了网状层积云、网状高积云、网状卷积云，通过比较便可以发现，三者之中网状层积云的孔洞尺寸最大。

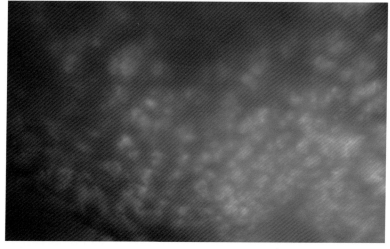

降雨过后的网状层积云

坏天气到来前的网状层积云

相似的云

网状高积云（见 P202）。与网状高积云相比，网状层积云高度明显更低，孔洞更大。

网状卷积云（见 P098）。网状卷积云多有丝缕结构，网状层积云没有。

降水线迹雨层云

国际名称：*Nimbostratus praecipitatio*（缩写 Ns pra）

别名：胡子云

所属类群：雨层云属（附属特征）

实用观察信息：从乌黑的雨层云云体下方垂下的丝状结构，通达地面。雨层云本身很厚，高度很低。

雨层云覆盖的天空通常阴沉、灰暗，让人感到沉闷。这是因为雨层云非常浓密、厚实，太阳光没法穿透它照到地面上来。

雨层云下部的气流比较杂乱，仔细观察，有时你会在乌黑的云体下方看到一些特别的东西，其中一种便是降水线迹云，这是由雨层云的云底垂下来的灰色云雾状或细丝状结构形成的。

这些细丝本身是云中下落的小水滴或小冰晶，它们最终把雨雪送达地面。我们之所以能够看到这样的云，是因为这时雨层云产生的降水从地理位置上说离我们还有一段距离，并没有抵达我们所在的地方。下一次，当你在天空中看到降水线迹雨层云的时候，就可以断定，离你不远处正在发生降水。

相似的云

降水线迹积雨云（见 P154）。与降水线迹积雨云相比，降水线迹雨层云带来的降水强度和天气变化剧烈程度都更弱。

降水线迹雨层云呈灰色细丝状
（摄影：王辰　拍摄地点：拉萨）

幡状雨层云

国际名称：*Nimbostratus virga*（缩写 Ns vir）
别名：胡子云
所属类群：雨层云属（附属特征）
实用观察信息：从雨层云云体下方垂下的细丝，不通达地面。

　　与前面提到的降水线迹雨层云相似，云中下落的小冰晶或小水滴有时并不能抵达地面，而是会在半空中升华或蒸发殆尽，形成我们肉眼可见的另一种附属特征——幡状云。在阴沉灰暗的雨层云下方，如果悬挂着一小截拖尾，好像可爱的小尾巴，便是幡状雨层云。

　　由于雨层云自身的厚度和颜色所致，幡状雨层云与降水线迹雨层云一样，细丝状的东西呈现为灰黑色，但其细丝的长度比降水线迹云要短。高空中风速的变化，将幡状云打造出了下端倾斜的小钩子形状。

幡状雨层云呈灰色

雨层云垂下多个幡状结构

相似的云

降水线迹雨层云（见 P106）。与降水线迹雨层云相比，幡状雨层云的细丝状结构更短。

幡状层积云（见 P132）。与幡状层积云相比，幡状雨层云的云体比较低，颜色呈灰黑色。

悬球状层积云

国际名称：*Stratocumulus mamma*（缩写 *Sc mam*）

别名：悬球云、乳状云、梨状云

所属类群：层积云属（附属特征）

实用观察信息：层积云下方悬吊的半球状或长圆形结构，边缘光滑。颜色为灰黑色。

悬球状云是云彩的附属特征之一，指的是云层的底部悬吊着一个个半球状的结构。悬球状层积云是层积云下方悬吊的一个个圆球，通常颜色灰暗，边缘光滑。大范围出现的悬球云非常壮观。

悬球状层积云的出现多预示着降水。民谚说"天上云像梨，地下雨淋泥"，指的就是悬球状层积云出现时，持久的降水就要到来。

与其他的悬球状云相比，悬球状层积云的半球状结构是最清晰且个头最大的，颜色更为灰暗。

大范围出现的悬球状层积云

相似的云

悬球状高积云（见 P208）。与悬球状高积云相比，悬球状层积云的球状结构更明显、更大，颜色为灰黑色，云隙间看不到蓝天。

局部天空的悬球状层积云

110

破片状雨层云

国际名称: *Nimbostratus pannus*（缩写 Ns pan）

别名: 跑马云

所属类群: 雨层云属（附属云）

实用观察信息: 雨层云下方出现的破碎云块。颜色较暗。移动较快。

　　雨层云是会下雨或下雪的云，云底非常杂乱。雨层云一出现，就会带来雨雪，天空中完全看不到太阳。如果你仔细观察雨层云的下方，会发现时常有一些"小喽啰"，看上去像是雨层云云底的一部分被撕碎了扔在下面。这些破碎的小云，颜色灰暗，跑得很快，它们是雨层云的附属云——破片状雨层云。

　　破片状雨层云的出现，得益于雨层云下方潮湿的空气。空气中的一些水分凝结，便形成了这些破碎的小云。民谚中"满天乱云飞，风雨下不停""满天飞乱云，雨雪下不停""江猪过河，大雨滂沱"，说的都是当破片状雨层云跑得很快时，就意味着阴雨天气的到来和持续。

雨层云下方出现快速移动的破片云

破片云与多种云同时出现

相似的云

其他破片状云。破片云可以出现在多种云之下，只要辨别出母体云，就可以辨别出其附属云的种类。如果母体云是浓厚阴暗的雨层云，带来持续降雨，那么就可以判断它下面的破片云属于破片状雨层云。

虹

当太阳光照射到下落的小水滴上时，我们背对着太阳，就可能会在顺光的方向上看到美丽的七彩光弧，这就是彩虹，简称虹，其半径为42度。虹的颜色从内侧向外侧依次为紫色到红色，太阳光越强，生成的虹也越美丽。

虹是太阳光照射到小水滴上发生折射、反射产生的光学现象。有时候，在虹的内侧还会出现好几道细小的虹，它们被称作附属虹。

观察时间、地点不同，云彩组分与尺寸不同，都会给我们带来不同的彩虹景观。在特定条件下，我们还可能看到完整的圆形彩虹。

一小段虹与霓

如果云中的小水滴特别微小，最终形成的虹可能颜色极淡，几乎为白色，也称白虹。日落时分，可能会形成粉红色的虹，也称红虹。

除天然彩虹之外，我们周围还有很多"人造彩虹"，例如喷泉附近，当水雾较细、太阳较低时，背对阳光就可能在水雾中看到颜色清晰的彩虹。

霓

　　降雨即将结束或刚刚结束的天空中，有时会出现两道彩虹，很多人称之为双彩虹。确切地说，内侧那一道颜色明显的叫作虹，也称主虹；外侧那一道颜色略淡的叫作霓，也称副虹。

　　霓的颜色排布顺序与虹相反，外侧蓝，内侧红。霓与虹之间的那一片区域，颜色通常比周围的天空更暗一些，也被称为"亚历山大暗带"。

114　　　　　　　　　　　　　　　　　　　　　霓位于虹的外侧，颜色较浅

虹颜色明显，其外侧为霓

　　与虹一样，霓也是太阳光照射到空气中飘浮的大量小水滴上产生的光学现象，这时的小水滴充当了三棱镜的角色。太阳光在小水滴内部发生反射，再通过小水滴折射出去，反射次数多了一次。经过反射、折射之后，我们最终看到的颜色也相应地变弱了。

雨

当云中的小水滴不断相遇、合并、生长，最终变得足够大、足够重时，会降落到地面上来，这就是我们熟知的雨。常见的降雨形式多种多样：有时，小雨淅淅沥沥下个不停；有时，一阵电闪雷鸣带来一场急雨；还有时，大雨倾盆而下，雨量巨大的暴雨可能危害生命安全。

气象学专家根据 24 小时内降雨量的大小对雨进行分类和定义，由此将雨划分为小雨（24 小时降水量小于 10.0 毫米）、中雨（24 小时降水量为 10.0 ~ 24.9 毫米）、大雨（24 小时降水量为 25.0 ~ 49.9 毫米）、暴雨（24 小时降水量为 50.0 ~ 99.9 毫米）、大暴雨（24 小时降水量为 100.0 ~ 250.0 毫米）和特大暴雨（24 小时降水量 250.0 毫米以上）。由于具体情况不同，各地的气象预报部门对当地降水标准也会有一些自己的规定。

雨通常来自雨层云或积雨云，在雨后的天空中，我们可能会看到悬球云、霓、虹等云与大气现象。

正在降雨的天空

降雨时的地面

116

从公历5月开始，北京就进入了初夏时节。

按照21世纪二十四节气的北京时间，对应公历中的日期范围，大约每年5月4日—6日会迎来立夏节气，5月20日—21日会迎来小满节气。草木到这时已彻底换好"新装"，大地一片郁郁葱葱，林间草地花朵盛开。

在这个月份，北京的天气总体比较宜人，不再寒冷，也不会太热。气象学上将连续5日平均气温高于22摄氏度算作入夏，在这之后，气温开始大幅上升。据北京市气象局统计，1981—2010年北京平均入夏日期为5月19日。

蓝天白云是北京5月常见的云天景观，各种各样的积云时常光顾，让这个月的天空变得非常可爱。

初夏蓝天上的淡积云好像炸油饼

层积云

国际名称：*Stratocumulus*（缩写 *Sc*）
所属类群：低云族（云属）
实用观察信息：云块铺展开来连成层，云底平坦且距离地面较低。颜色多为白色，有时为灰黑色。

我们在 3 月份的内容中介绍了层积云，这个云属的云很常见，在一年四季的天空中都可以看到。当然，由于每个月的大气状态有所不同，层积云在不同月份的形态也有一定的差异。

层积云是指低空中一大片低低的云块连在一起，在风的作用下，3 月的层积云底部被吹散呈雾状；到了 5 月，由于对流更加旺盛，层积云呈现出更为明显的向上凸起的形态。

层积云一共有 5 个云种、7 个变种（见 P012 的 2017 年版《国际云图》云彩分类表）。

层积云呈现出有趣的外观

相似的云

高积云（见 P182）。层积云出现的位置低，云块相对较大，看上去较厚；而高积云云块小而薄。

层云（见 P200）/ **高层云**（见 P056）。层积云的云底较低且有清晰的轮廓，另两者没有。

雨层云（见 P096）。雨层云能产生持续降水且云底较乱；而层积云不会产生连续降水，云底均匀。

蔽光高层云

国际名称：*Altostratus opacus*（缩写 As op）
别名：阴天
所属类群：高层云属（变种）
实用观察信息：云体呈灰色或灰黑色，没有明显的边界或结构，无法透过云层看到太阳。天空为阴天，但云层给人的感觉并不低。

　　高层云本身就没有什么特征，厚到遮蔽日月时，就更让人觉得无趣了。赏云协会的创立者加文·普雷特－平尼曾调侃说："如果你观看高层云的时候能保持清醒，可以得 15 分；如果你能说服任何一个人对这种云产生一点点兴趣，可以再加 10 分。"（这套计分体系按照收集到的云彩种类多少和稀有程度来计分，看到层积云可以得 10 分。）天空中有蔽光高层云时，我们在地面上看不到物体的影子。

　　蔽光高层云常常由透光高层云发展而来。一开始，天空中可能只是覆盖着薄薄的透光高层云，随着暖锋带来上升的水汽，云层逐渐增厚，太阳光变得越来越模糊，直至无法穿透云层，这时的云就成了蔽光高层云。再演变发展，蔽光高层云可能会变成雨层云，使天空变得更加阴沉、灰暗，最终带来降雨。

蔽光高层云使天空颜色变灰

相似的云

蔽光层积云（见 P124）。蔽光高层云覆盖的天空并不是非常暗淡，而是让人感觉颜色灰灰的；但蔽光层积云会让天空真正地暗下来。

荚状层积云

国际名称：*Stratocumulus lenticularis*（缩写 *Sc len*）

别名：飞碟云

所属类群：层积云属（云种）

实用观察信息：从侧面看，云体呈细长凸透镜状，边缘光滑。从下方看，云体呈卵圆形、圆形或不规则形态。有时会堆叠成多层。

与前面介绍的荚状高积云类似，荚状层积云从侧面看也呈凸透镜状，轮廓清晰。不同之处在于，荚状层积云通常比较细长，且有更多起伏。层积云这个云属中共包含成层状层积云、荚状层积云、堡状层积云、絮状层积云和滚卷状层积云 5 个云种，荚状层积云是其中最不常见的一种。这种云一般出现在山地或山地周围的平原地区，当潮湿的空气翻山后形成重力波，就可能形成又长又光滑的荚状层积云。

白色的荚状层积云

傍晚时染上霞色的荚状层积云

在北京，荚状层积云并不是特别常见，通常当下层大气中有波动的时候，才容易看到这种云。荚状层积云往往伴随着比较强的水平气流，而且会带来大风。如同民谚所说"豆荚云条天上现，当地无雨也风颠"，意思是荚状层积云在上空出现，往往预示着风就要到来。

相似的云

荚状高积云（见 P102）。与荚状高积云相比，荚状层积云的云体更厚、更细长，高度较低。

121

漏光层积云

国际名称：*Stratocumulus perlucidus*（缩写 *Sc pe*）
所属类群：层积云属（变种）
实用观察信息：层积云的云体中有许多云隙，云隙间可见蓝天。

　　漏光云是云彩的变种之一，用以描述云层本身的透明程度以及云隙的透光程度。十云属中，仅有高积云和层积云拥有这个变种。漏光层积云呈现为斑块状的一大片云铺展开来，我们透过云块间的缝隙可以看到蓝天，也能看到太阳、月亮或更高的高空中其他的云。

　　漏光层积云的云体比较厚，覆盖范围比较广，边缘清晰。薄的漏光层积云颜色为白色，厚的漏光层积云颜色为黑色。阳光照射到漏光层积云上，可能会在缝隙间形成一道道曙暮光条，让我们切实地感受到太阳"光线"的存在。

　　漏光层积云的云隙有时会呈现出一些可爱的形状，网络上常见的云块中出现心形蓝天，就是它的杰作。

漏光层积云

较厚的漏光层积云

漏光层积云中的云隙犹如两只眼睛

相似的云

透光层积云（见 P063）。漏光层积云的云隙间可见蓝天；而透光层积云的云隙间多为薄云层。

漏光高积云（见 P144）。漏光层积云高度低，云层厚，可产生曙暮光条；而漏光高积云薄，一般不会产生曙暮光条。

蔽光层积云

国际名称：*Stratocumulus opacus*（缩写 *Sc op*）

所属类群：层积云属（变种）

实用观察信息：低空中的灰色云块连接成层，覆盖一大片天空。阳光无法从云块中透过。

　　蔽光云也是云彩的变种之一，可见于高积云、高层云、层积云、层云中。"蔽光"二字，顾名思义，指的是云层本身能够遮蔽住太阳或月亮的光芒。蔽光层积云是大片较暗的圆团状或薄片状云块连

成层状，铺展开来覆盖一大片天空，云层比较浓密，其中大部分区域都不透明。从下方看，蔽光层积云的云底比较平坦。

　　蔽光层积云并不是一种惹人喜爱的云，因为它往往预示着长时间的坏天气。在春秋季，倘若遇到蔽光层积云铺满天空，有可能是冷空气到来的表现，甚至意味着即将发生连绵不断的降水——这是随之而来的雨层云带来的礼物。

相似的云

成片的积云。蔽光层积云连接成片，无法区分出独立的云块；而成片的积云仍然可以区分出独立的云块。

晚霞映照的蔽光层积云

淡积云

国际名称：*Cumulus humilis*（缩写 *Cu hum*）

所属类群：积云属（云种）

实用观察信息：云块呈棉花状，且扁平，水平宽度大于垂直高度。颜色多为白色，蓝天上常见的、扁扁的小块白云多为淡积云。

淡积云是云块最小的积云之一，常出现于蓝天上，也常出现于儿童绘画作品中。这种云在竖直方向上延伸较小，从下方看呈块状。当地面被太阳加热，热气流上升，就可能在气流顶部形成积云。个头小的淡积云形态非常有趣，有时整片蓝天上可能只飘着一两朵淡积云。

天空有淡积云时，通常不会产生降雨，即使淡积云很多，往往也预示着好天气，如同民谚所说"早晨朵朵云，午后晒死人"。

蓝天上的大量淡积云

相似的云

中积云（见 P168）/**浓积云**（见 P166）。淡积云的云块，水平宽度大于垂直高度；中积云的这两个尺寸相当，浓积云的垂直高度较大。

高积云（见 P182）。高积云为规则排列的薄云块，云块较小；而淡积云云块较大。

碎积云（见 P062）。淡积云呈明显的块状，底部平坦，边缘清晰；而碎积云外观破碎。

迭浪卷云

国际名称：*Cirrus fluctus*（缩写 *Ci flu*）
别名：浪花云
所属类群：卷云属（附属特征）
实用观察信息：卷云高度上出现的浪花状云。有时"浪花"能卷起来，看上去像一串旋涡。

迭浪云是近几年云彩爱好者群体中广泛使用的一种名称。它是由开尔文—亥姆霍兹不稳定性（当不同密度的空气层上下接触时，各层之间由于空气流速不同会产生不

半透明的迭浪卷云

稳定性，其中开尔文—亥姆霍兹不稳定性会产生一种波状的特征）产生的云的一种附属特征，以前称作开尔文—亥姆霍兹波。这种不稳定性可能在卷云、高积云、层积云、积云中出现，由此形成的浪花状云，与云属名称相结合，被称作迭浪卷云、迭浪积云等。

其中，迭浪卷云格外惹人喜爱，它出现在5000米以上的高空中，颜色很白，外边缘半透明。之所以会形成这样的小浪花，说明其所在之处存在着不同密度的空气层，这些空气层之间的流速差异，形成了一朵朵卷曲的小云。迭浪卷云的存在时间很短，通常只有几分钟。

相似的云

波状云 波状云主要是云底出现波纹；迭浪卷云则是顶端边缘出现波状卷曲。

悬球状卷积云

国际名称：*Cirrocumulus mamma*（缩写 *Cc mam*）
别名：乳状云、悬球云、梨状云
所属类群：卷积云属（附属特征）
实用观察信息：卷积云下方悬吊的半球状小团块，下边缘光滑、清晰。多为半透明。

卷积云本身是由颗粒状的小云块构成的，在天空中呈现为薄薄的白色小斑块。由于卷积云云体很薄，我们看不到它们的阴影。如果卷积云下方出现了一个个半球状的透明小团块，这种附属特征叫作悬球状卷积云。

至于悬球状云的形成机制，目前尚不完全清楚。据研究人员推测，有可能是由于云层之内上方空气的冷却，最终使得小团的冷空气把自己装进"袋子"里，从而形成悬球状的独特外观。在众多悬球状云中，悬球状卷积云是比较罕见的品种。如果你看到卷积云中有这种酒酿圆子般的结构，一定要把它记录下来。

傍晚粉红色的悬球状卷积云

相似的云

悬球状高积云（见 P208）。与悬球状高积云相比，悬球状卷积云的云块更小，周围通常有卷云相伴。

悬球状卷积云与卷云

幡状积云

国际名称：*Cumulus virga*（缩写 Cu vir）
别名：水母云、胡子云
所属类群：积云属（附属特征）
实用观察信息：从积云云体下方垂下的丝缕状结构，不通达地面。如果在积云下方看到彩虹，则可判定有幡状积云存在，只是不太明显。

幡状积云是积云的一种附属特征，是积云的下方垂下的一些丝缕结构，且不与地面接触。这种附属特征的存在，有时会给我们带来好看的大气光学现象。

例如，有时我们在地面上没有看到下雨，却看到积云的下方出现了彩虹，这是积云中的小水滴下落到半空中形成的光学现象。没能抵达地面的小水滴为我们映照出彩虹，而这些小水滴组成的幡状积云本身可能并不明显。有时候，寒冷季节幡状积云中的小冰晶映照阳光，可能会形成幻日。

幡状积云有时在积云下方呈现为较粗的带状，如果出现在浓积云下方，看上去可能像灰色的胡须。与降水线迹积云的区别在于，构成幡状积云的这些下落的小水滴或小冰晶不会抵达地面。

幡状积云与远处的积云组成一只鸵鸟

相似的云

幡状层积云（见 P132）/ **幡状积雨云**（见 P172）。相比其他幡状云，幡状积云的母体云要小得多。

一小片幡状积云

幡状层积云

国际名称：*Stratocumulus virga*（缩写 *Sc vir*）
别名：水母云、胡子云
所属类群：层积云属（附属特征）
实用观察信息：从层积云云体下方垂下的丝状结构，多向一侧倾斜，下垂部分不与地面相连接。幡状结构通常呈白色。

前面我们提到，幡状云是云彩的一种附属特征。十云属中，除了卷云、卷层云和层云，其他七个云属的云都可能会有这种附属特征。依赖于母体云自身的特点，不同幡状云的颜色有很大不同。对层积云这样云底高度低于 2000 米的低云族云彩来说，云中的组分主要为水滴，产生的幡状云通常为白色。

幡状层积云在明亮天光背景上显得灰暗

然而，我们不能单单用颜色去判断看到的幡状云究竟是哪种云的附属特征。因为位于幡状云背景上的云可能会给我们一些误导。有时，充当背景的云颜色较浅，映衬之下会让幡状层积云的颜色也显得暗沉，我们需要仔细观察"幡"究竟挂在什么云上。

幡状层积云中小水滴的下落，有时会预示着降水来临。民谚"云生胡子雨"，有时就是指幡状层积云。总的来说，幡状层积云即便带来降雨，也并不剧烈。

清晨细小的幡状层积云

相似的云

幡状高积云（见 P248）。幡状层积云的云体较低，下垂的丝状结构多呈灰黑色；幡状高积云的云体高，团块小，下垂的丝状结构多呈白色。

降水线迹层积云（见 P190）。幡状层积云带来的降水无法抵达地面；而降水线迹层积云会产生抵达地面的降水。

日华

别名：华盖

实用观察信息：太阳光透过薄云，在太阳周围形成彩色同心环。日华的视直径（人眼看到物体的视角大小，单位为度、分、秒）较小，通常只有1～5度。

当太阳或月亮被薄云遮住的时候，可能在日月周围形成圆形或近乎圆形的彩色同心环，这就是"华"。太阳周围的华叫日华，月亮周围的华叫月华。华的英文单词为Corona，这个词还被用来指代太阳大气的最外层——日冕。

日华发生时，太阳中心处呈现为一个蓝白色的明亮圆盘，周围环绕的彩色同心环外侧为红色。之所以形成这样的颜色，是因为太阳光照射到薄云中的小水滴上时，光线会发生衍射，也就是光线遇到障碍物时能绕到障碍物背后去。当太阳光绕过小云滴之后，在云滴后方发生干涉，从而产生了彩色的条纹，即为日华。

在小水滴尺寸比较均匀的云中，例如卷积云、高积云中，经常会出现日华。小水滴的尺寸越小，产生的日华直径越大，颜色越清晰。春天刮风天气时大气中飞散的花粉，也可能形成日华。

太阳周围的日华呈现出漂亮的蓝色

太阳周围出现多重彩色同心环的日华

晚霞

　　日落前后，我们有时会看到天空中呈现出金色、橙色甚至红色的明媚霞彩。这是太阳光照射到大气分子或云中小水滴上，发生瑞利散射之后产生的结果。瑞利散射属于散射的一种情况，散射强度与入射光波长的四次方成反比，也就是说波长越短的光散射越强。对于太阳的可见光组分来说，蓝光散射最厉害。傍晚时的太阳光穿过厚厚的大气层，蓝光基本被散射掉了，红光部分被留下来。

　　云染霞彩是傍晚时分非常壮丽的天空景观之一，此时的云彩可能会反射低空中阳光的色调，变成粉红色。白天时如果你看到头顶天空有云，而西边天空没有云时，傍晚会出晚霞。

　　　　　　　　　　　　　　　　　　　　　　　橙色晚霞

　　晚霞的出现往往说明西边天空中没有厚重的云层，阳光得以顺利照射过来。因而民谚说"朝霞不出门，晚霞行千里"，意思是晚霞的出现往往预示着短时间内天气晴好。

晴

晴天，既包括万里无云的蓝天，也包括有少量云、没有降雨或降雪的天空。这样的天气，只要不是温度极高或极低，总会让人感到心情愉悦。

晴天时，天空中可能会有一些积云或层积云。棉花般的积云会使天空变得更加可爱，而且不会带来降雨，因而也被称为晴天积云。

晴天日落后，我们能在东边低空中看到粉色的维纳斯带，以及紧邻地平线的暗带——地影。如果夜晚依旧持续晴朗，那将是观看星空的好时机。晴天日出前，天空可能整个被染成浓浓的蓝色，连地面的景物也会发蓝，这一短暂的时段被称作蓝色时段。

晴天的荚状层积云

晴天的淡积云

6月

　　人们通常说的仲夏时节，指的是夏季的第二个月，即农历五月。而很多年份的农历五月，就是从公历6月开始的。

　　按照21世纪二十四节气的北京时间，对应公历中的日期范围，大约每年6月4日—6日会迎来芒种节气，6月20日—22日会迎来夏至节气。夏至这一天，北半球白天最长，夜晚最短。

　　根据历年统计数据，北京的常年平均首个高温日为6月10日。也就是说，通常6月初的时候，北京日最高气温已经达到32摄氏度以上，且连续数日如此。

　　夏季晴朗的午后，炙热的阳光与充足的水汽合作，积云很容易发展成积雨云，带来雷阵雨甚至局地大雨。

一场雷阵雨过后，"缩水"的积雨云底部出现悬球云

积雨云

国际名称：*Cumulonimbus*（缩写 *Cb*）

所属类群：跨越多个云族（云属）

实用观察信息：云体呈巨大团块状，能发展到很高，轮廓清晰。常伴有电闪雷鸣。

积雨云被称作"云彩教父"，由此可见其块头之大、威力之猛。积雨云的外观好像巨大的城堡，能从距离地面不足 1000 米的地方一直发展到 10000 多米的高空中，最终给地面带来降水。积雨云浓密厚重，云底很暗，下方常有破片云、降水线迹云等附属云或附属特征。

积雨云通常由浓积云发展而来。积雨云出现时，大气状态很不稳定，往往会带来电闪雷鸣和急剧的降雨，有时还会带来冰雹甚至龙卷风。积雨云中往往既有

降雨前的积雨云

小水滴也有小冰晶，云的上部高密度的冰晶往往会在高空风的作用下形成羽毛般的形态。

积雨云包含秃积雨云和鬃积雨云两个云种。秃积雨云的云顶比较平坦，没有纤维状结构；鬃积雨云的上部有明显的纤维状结构，会带来暴风雨。

拥有幞状附属特征的积雨云

羽翎卷云

国际名称：*Cirrus vertebratus*（缩写 *Ci ve*）

别名：鱼骨云、羽毛云、脊状卷云

所属类群：卷云属（变种）

实用观察信息：云体呈纤维状、丝毛状，中间或一侧有浓密的条状结构，云丝向两边或单边扩散。整体像鱼刺或鸟羽。

　　羽翎卷云是卷云属特有的一个变种，容易与其他云区分开。羽翎卷云通常长得像鱼刺或鸟的羽毛，也有人说它长得像脊椎、肋骨，称之为脊状卷云。羽翎卷云的整个云体呈现为浓密的条状结构，两侧或一侧有纤维状细丝。

　　羽翎卷云一般出现在距离地面 5000 米以上的高空中，当高空中的空气湿度比较大时，其他种类的卷云中小冰晶不断堆积，在风的吹拂下流动起来，就会形成这种大大的羽毛状云。这样的大气条件也可能使卷云在后续的发展中带来降水，如同民谚所说"天上有云像羽毛，地下风狂雨又暴"。北京的天空中，羽翎卷云非常罕见。如果有幸见到，不妨与"大羽毛"合个影吧。

羽翎卷云演变为辐辏状高积云

相似的云

航迹云（见 P052）。被风吹拂的航迹云也会呈现出羽毛或梳子状的结构，此时需要注意中间的纵向条状结构，条状结构浓密紧实的就是羽翎卷云；如果条状结构松散且在天空中有多个羽毛状的结构，则很有可能是航迹云。

絮状高积云

国际名称：*Altocumulus floccus*（缩写 Ac flo）
别名：棉花云、破絮云
所属类群：高积云属（云种）
实用观察信息：云块小且比较规则，好似小棉絮，但排列不规则。颜色多为白色。下方通常有些杂乱，有时会悬挂着幡状云。

絮状云是云种之一，可见于卷云、卷积云、高积云和层积云中。这个云种的名字非常形象，云彩一团团好似小棉絮，并不整齐地撒在天空中。絮状高积云的云底下方看上去有些杂乱，有的时候会挂着小冰晶形成的幡状拖尾。

絮状高积云虽然模样可爱，却是天气不稳定的产物。民谚"棉絮云，有雷雨""云似棉絮，雨似汗流""朝有破絮云，午后雷雨淋"等，说的都是夏季天空中出现的絮状高积云可能会带来降雨，甚至带来大范围的雷暴天气。

如果我们在晚上看到絮状高积云，往往预示着第二天早上的天气会很潮湿。清晨太阳升起后，空气的对流变得活跃，不断生长的一团团积云可能会和絮状高积云连接起来。

疏密有致的絮状高积云

满天的絮状高积云

相似的云

絮状卷积云（见 P058）。絮状高积云的云块会出现阴影；而絮状卷积云则没有阴影。

漏光高积云

国际名称：*Altocumulus perlucidus*（缩写 *Ac pe*）

别名：鲤鱼斑、老龙斑

所属类群：高积云属（变种）

实用观察信息：云体由比较大的云块组成，排列紧密但不规则。云块缝隙间可见蓝天。

漏光云是云的变种之一。漏光高积云的云块呈斑块状，云块之间有缝隙，有时会铺满整个蓝天，非常壮观。透过云块之间的缝隙，我们可以看到太阳或月亮，也可以看到蓝天以及云层上方的云。

以前，人们看到天上出现这种云，觉得它们很像建造房屋用的瓦片，于是称其为瓦片云。也有人将这种云称作鲤鱼斑。由此衍生出很多有趣的谚语，例如"天上鲤鱼斑，明朝谷晒不用翻""瓷瓦云，晒死人""瓦片云，晴三晨"，也可见漏光高积云的出现往往是晴天的标志。

漏光高积云也曾被一些著名艺术家绘制于自己的作品当中。例如，日本浮世绘画师葛饰北斋曾在晚年创作了系列作品《富岳三十六景》，其中一幅作品的天空中铺满了漏光高积云，非常特别。如果你也喜爱画画，下次创作时打算用大家惯用的模式——画几朵白色积云当天空背景，还是也想试试这样的思路呢？

漏光高积云好似一块块瓦片

漏光高积云缝隙间可见蓝天

相似的云

透光高积云（见 P243）。透过漏光高积云的云隙，我们可以看到蓝天；而透光高积云的云隙间则是白色的薄云层。

145

波状层积云

国际名称：*Stratocumulus undulatus*（缩写 *Sc un*）
别名：波浪云、楼梯云
所属类群：层积云属（变种）
实用观察信息：又低又宽大的云条排列成波浪状。

波状层积云呈现为灰色的云条，几乎平行排列。当云条非常宽大且数量较多的时候，波状层积云看上去离地面很近，视觉效果非常震撼。

大气层中气流的相互作用，加上地形对风的影响，都可能会使空气发生大范围的波动。我们肉眼无法直接看见这种波动，当大气中的小冰晶或小水滴将这种波动可视化之后，就呈现为波状云。在波状云的上方和下方，空气流速或方向可能不同，由此形成的波状云就像大海的波浪。这种相似性也仿佛在告诉我们，大气层像个海洋，我们就像海底的鱼。

波状层积云粗大的云条

波状高积云（见 P185）。与波状高积云相比，波状层积云的高度明显更低，且云条比较宽大。

辐辏状层积云（见 P084）。波浪的排列方向与云的运动方向之间的关系不同，波状层积云二者垂直，辐辏状层积云二者一致。

薄一些的波状层积云

147

秃积雨云

国际名称：*Cumulonimbus calvus*（缩写 *Cb cal*）

别名：菜花云、鬼头云

所属类群：积雨云属（云种）

实用观察信息：云体浓密厚重，垂直高度巨大，顶部平坦且没有丝缕状结构。

　　秃积雨云是积雨云的云种之一，属于积雨云形成后的初始阶段。从外表看，秃积雨云与浓积云比较像，非常高大，两者的区别在于秃积雨云顶部平坦，会带来大雨和狂风，有时会伴随雷电甚至冰雹，而浓积云顶部呈团块状，不会产生强烈降雨。大型浓积云持续向上发展，便会形成秃积雨云。

　　站在积雨云下方，我们会看到其云底乌黑，但看不到顶部是光滑还是有丝缕结构。总的来说，秃积雨云的威力无法与鬃积雨云相比，带来猛烈电闪雷鸣的更可能是鬃积雨云。如果我们恰好站在远处观看积雨云，则很容易把这二者区分开来。

云顶蓬松的秃积雨云

秃积雨云的出现意味着雷雨将至。民谚"馒头云冲顶，阵性雨来得准"，说的就是秃积雨云正在形成。"西方菩萨云，下雨快来临""鬼头云高又高，大风雨要来到"等也都是说秃积雨云会带来风雨。

可见降水线迹的秃积雨云

相似的云

浓积云（见 P166）。秃积雨云往往有雷雨大风紧随其后，顶部松软平坦；而浓积云一般不会立刻带来降雨，顶部依然是积云的团块状结构。

鬃积雨云（见 P150）。鬃积雨云顶部有丝缕状结构；而秃积雨云顶部依然保持着清晰的边界。

鬃积雨云

国际名称: *Cumulonimbus capillatus*（缩写 *Cb cap*）
别名: 蘑菇云
所属类群: 积雨云属（云种）
实用观察信息: 云体垂直高度巨大，顶部多呈砧状、羽冠状、毛发丛状。

鬃积雨云是秃积雨云发展成熟之后形成的，其顶部会向侧面铺展开，形成砧状外观。与秃积雨云相比，鬃积雨云的顶部有丝缕状结构，外观有点类似卷云，这是顶部的小冰晶受到高空中风的吹拂形成的。

鬃积雨云可以从云底几百米高的地方一直向上生长，到达将近 20000 米的高空，抵达对流层与平流层交界的地方，这种高耸的云砧绝对是地球上最高的物体。巨大的云砧由冰晶组成，在高空中强风的作用下，可以被推行数十万米远，形成壮观的"蘑菇云"。

既然是积雨云发展最旺盛的阶段，鬃积雨云的出现往往意味着强对流天气将要到来，很可能还会伴有冰雹，如同民谚所说"云顶长白发，定有雹子下"。

相似的云

秃积雨云（见 P148）。秃积雨云的云顶平坦，无丝缕状结构；而鬃积雨云的云顶具有向上的丝缕状结构。

浓积云（见 P166）。浓积云的云顶清晰；而鬃积雨云的云顶模糊。

云顶已经展平的鬃积雨云

悬球状卷云

国际名称：*Cirrus mamma*（缩写 *Ci mam*）

所属类群：卷云属（附属特征）

实用观察信息：卷云的底部或边缘出现光滑的球状结构。比较罕见，需仔细辨认。

悬球状云这种附属特征，出现于积雨云下方的时候，如果数量众多，会很壮观。如果染上夕阳的霞彩，画面会更加绚丽。然而，当它出现于卷云的云底时，就是既不常见也不容易辨认的悬球状卷云了。最主要的原因在于，卷云本身就很缥缈，挂在卷云条纹上的悬球状云细小而透明，不易辨认，因此其外观就更加微妙了。

缥缈的卷云下出现悬球状结构

有人说，悬球状卷云的存在，就是为云彩鉴赏家而设的。下次在夏季看到卷云的时候，不妨仔细观察一下其云底，如果找到了这样的球状结构，那么恭喜你，你也是一位云彩鉴赏家了！

密卷云的云底出现光滑的悬球状结构

伪卷云

国际名称：*Cirrus nothus*（缩写 *Ci not*）

别名：砧状卷云

所属类群：卷云属

实用观察信息：云体较大且厚密，有时呈砧状。是由鬃积雨云的顶部脱离母体云而形成的。

云底部已经消散的伪卷云

　　伪卷云指的是积雨云消散后顶部的鬃状结构脱离云体形成的卷云，之后会逐渐消散掉。

　　伪卷云这一名称，在如今的国际分类体系中不再使用，在《中国云图》的分类系统中依然存在。和卷云属的其他种类不同的是，伪卷云是从云的形成角度划分出的类别，需要结合积雨云的发展情况加以判断。它所在的高度通常是 4500 米以上的高空。

降水线迹积雨云

国际名称：*Cumulonimbus praecipitatio*（缩写 Cb pra）

别名：胡子云

所属类群：积雨云属（附属特征）

实用观察信息：从积雨云云体下方垂下的灰黑色丝状结构，接触地面。当雷阵雨正从不远处滚滚而来时，可以看到这种降水线迹。

　　降水线迹积雨云这个名称看上去很长，实际上就是积雨云下方的"胡子"。再说得直白一点，就是你眼睛所见的云彩正在不远处下雨的景象，这些黑色的"胡子"就是正在落向地面的雨。

出现于北京天文馆附近天空中的降水线迹积雨云

而积雨云下方垂下的这些丝状结构，之所以呈现黑色，正是因为降水强。降水线迹的颜色越深，说明不远处的降水越强。看到降水线迹积雨云，要赶紧寻找合适的躲雨之地。当然，强降水可能来得快也走得快，如同民谚所说"云把胡子生，急雨不能轻"。

降水线迹积雨云呈灰黑色细丝

相似的云

幡状积雨云（见 P172）。幡状积雨云的丝状结构无法抵达地面；而降水线迹积雨云的细丝则通达地面。

砧状积雨云

国际名称：*Cumulonimbus incus*（缩写 *Cb inc*）
别名：铁砧云、榔头云
所属类群：积雨云属（附属特征）
实用观察信息：云体巨大，云顶平坦，如同砧板状。是暴风雨到来前的典型特征。

如果你看过日本动画电影作品《天气之子》，一定对其中积雨云的外形印象深刻。长得很高的积雨云，到了顶部却开始变得平坦，像一个观云看海的平台。

长成这样的积雨云是真实存在的，这就是砧状积雨云，它是鬃积雨云的云

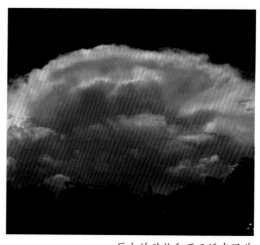

巨大的砧状积雨云近在眼前

顶，是积雨云发展阶段中的一个特殊形态。为什么积雨云顶部不再往更高的高空生长，反而转向平铺发展？看上去就像空中有一个天花板，挡住了云彩向上生长的去路。是的，天空中确实有一个天花板，它的名字叫对流层顶。这是大气层中对流层与平流层交界的地方，对流层气温随高度升高而降低，而平流层气温随高度升高而升高。积雨云的顶部遇到这个天花板，形成了巨大的铁砧云。

砧状积雨云的出现预示着雷雨的到来，因而有民谚"天上铁砧砧，地上雨成滩""云花累叠成砧，雷公雷婆要显身""日落西南出铁砧，准备下雨把伞张"。要想看到砧状积雨云完美的砧状结构，需要离它足够远，或者你坐飞机时不妨找找看。

曙暮光条

别名：耶稣光、光绳、青白路

实用观察信息：阳光透过蔽光云层中的缝隙或边缘后呈现出的光束。在清晨或傍晚，空气通透且有云的时候很常见。

曙暮光条，最早指的就是清晨或傍晚时太阳光从蔽光云层的后面照射过来，天空中呈现出一道道光束。后来，这个词涵盖的范围被进一步扩充，目前常用来指代以下三种现象。

1. 太阳比较低的时候在云层后面向天空中发射出的光束。

2. 太阳比较高的时候被一块厚云遮住，云块周围呈现出向下的放射状光束。

3. 太阳在半空中透过云隙形成向下的光束。

曙暮光条有很多别名，有的曙暮光条被称作"云隙光"。无论名称怎样变换，这些现象始终都是大气中光与影的极致表达。

日落后的曙暮光条

云隙中的曙暮光条

相似现象

反曙暮光条。曙暮光条的光柱汇集于太阳；而反曙暮光条的光柱汇集于背离太阳的方向。

乌云

夜晚的乌云

　　我们在1月份的内容中介绍了白云，它们是蓝天上的常客。但很多时候，天空中的云也会呈现出其他颜色，其中最为常见的便是乌云。

　　云的颜色取决于太阳光的散射，也就是说，当太阳光遇到空气分子或云中的小水滴、小冰晶之后，会改变前进的方向。我们平常所见的白云的颜色，来自太阳光遇到云滴之后发生的米氏散射，各种颜色的可见光被均匀地散射到我们眼中，组合成白光，因此我们看到的云是白色的。

　　当天空中的云有不止一层的时候，能够照射到下方云层上的太阳光也会变少，由此发生的米氏散射使得下方的云层颜色变暗，这就是我们看到的乌云。太阳落山后，光线更加微弱，我们看到的云不再是灰色，而是浓重的墨色。

雷阵雨

雷阵雨指的是伴有雷电的阵雨，它比普通的阵雨要猛烈得多，时常发生在夏季对流比较旺盛的时候。

雷阵雨天气出现的时候，不仅雷电交加，往往还会提前刮起大风。这些现象都是大气条件不稳定导致的结果。在夏季天空中，空气湿度非常大，阳光照射地面产生的上升热气流会促使积云形成，积云继续发展便可能形成积雨云，进而带来雷电和降雨。

雷阵雨到来前的降水线迹云

北京的雷阵雨大多发生在温度高、湿度大的 6 月—8 月，发生时段多为午后。赶上雷阵雨天气时，我们一定要注意安全，注意防雷电，尽量待在比较安全的室内场所。

夏季雷阵雨到来前的天空

雷阵雨过后的积雨云

7月

公历7月，天气日渐湿热，雷阵雨变成了午后天空的常客。

按照21世纪二十四节气的北京时间，对应公历中的日期范围，大约每年7月6日—7日会迎来小暑节气，7月22日—23日会迎来大暑节气。"暑"意为炎热，小暑为炎热的开始，大暑为夏天的最后一个节气，也是天气最为湿热的一段日子。

夏至之后，北半球的白天开始变短，但7月的气温依旧日渐升高。据《中国气象报》统计，近30年来，北京的高温日有所增多，7月的高温日整体多于6月和8月。

虽说蓝天上的朵朵积云是夏季天空的代表，但在夏日酷热的阳光照耀下，积云的壮大发展往往会形成积雨云，为我们带来雷雨天气。如果短时降雨量较大，我们一定要注意安全防范。

出现于北京灵山天空中的积云

积云

国际名称：*Cumulus*（缩写 *Cu*）

所属类群：低云族（云属）

实用观察信息：云体呈团块状，有一定厚度，轮廓清晰。颜色多为白色，浓厚时为灰色甚至黑色。云朵各自飘散，相互独立。

提到"云"这个字，多数人脑海中浮现出的画面大概都是积云。积云时常出现于晴朗的蓝天中，好似一朵朵棉花，简直就是夏日田园风光的绝配元素。在北京，一年四季都能看到积云。一天当中，晴朗的上午更容易出现积云。

积云是不稳定大气中暖湿空气剧烈上升发展而形成的云，因而也称对流云。积云的轮廓通常比较清晰，整体看上去很蓬松。从下方看，积云的云底比较平，而其上部则可以不断向上发展。在炎热的夏季，午后大气中猛烈的对流会使积云生长得很旺盛。如果发展到浓积云，进而长成积雨云，便会带来阵雨或雷阵雨。

积云有大有小，纵向尺度与横向尺度的比例也各不相同。因而积云有淡积云、中积云、浓积云、碎积云这 4 个云种之分。积云只有 1 个变种，即辐辏状积云，这时积云的云朵排成了整齐的队列，在飞机上看尤为有趣。

出现于北京灵山天空中的积云

出现于北京灵山天空中的积云与日华

相似的云

层积云（见 P074 / P118）。云朵独立的为积云，云块连成一片的为层积云；层积云有时是由积云横向发展而成的。

高积云（见 P182）。高积云多成群出现，排列有规律；而小块积云会单独出现，排列无规律。

积雨云（见 P140）。积雨云顶端平坦或有头发状结构；而浓积云顶部多为花椰菜状，且一般没有强烈降水。

复高层云

国际名称: *Altostratus duplicatus*（缩写 As du）

所属类群: 高层云属（变种）

实用观察信息: 云体有两层或者多层的结构。颜色为灰色。由于每一层高层云的高度和透光率不同，因此不同云层会呈现出深浅不同的灰色。

复高层云包含两层甚至两层以上的高层云，这些云层高度略有差异，我们从地面上看，它们叠摞在一起，很难辨认。

高层云本身是几乎没什么特征的一层云，两层甚至多层的高层云叠在一起，会使云层整体显得更暗一点。如何确认复高层云呢？如果站在地面上能看出云层颜色不一，可以用这一点来辅助辨认。所以，最佳辨认复高层云的时段是傍晚，当太阳比较低的时候，太阳光照到复高层云上，能让我们看出不同高度的云层。

复高层云在太阳较低时呈现出深浅不同的灰色

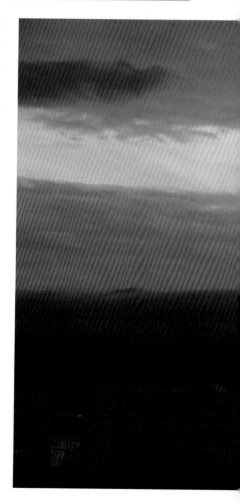

当然,如果你乘坐飞机,恰好在飞机飞到复高层云的夹心位置时,对着云层拍个照,那一定会很有趣。

相似的云

复层积云(见 P170)。复层积云有清晰的边界,云块明显;而复高层云中云层呈片状。

傍晚时的复高层云

浓积云

国际名称：*Cumulus congestus*（缩写 *Cu con*）

别名：花菜云

所属类群：积云属（云种）

实用观察信息：剧烈发展的积云体系，从侧面看呈花椰菜状。云朵轮廓清晰，垂直高度大于水平宽度。

浓积云是非常蓬松的大团"棉花云"，云体的垂直高度大于水平宽度。浓积云的云顶，有着类似花椰菜的形状，这是它的典型特征。通常来说，浓积云是由中积云发展而来的。夏季天气炎热时，旺盛的空气对流非常有利于积云的生长。

浓积云还可能继续发展成为积雨云，带来降雨。民谚"花菜云状伴侣，风雨交加雷闪电"，说的就是夏季午后的浓积云迅速发展为积雨云，意味着一场雷雨马上到来；"早晨乌云盖，无雨也风来"，说的是如果在清晨见到浓积云，那么很大可能它会发展为积雨云并带来降雨。

当然，辨认浓积云，只看云朵的个头大小可不够。如果你在天上看到一朵大棉花，但它形状有点扁，也就是说，垂直高度小于水平宽度，那它照样不属于浓积云，而是属于淡积云。

相似的云

秃积雨云（见 P148）。秃积雨云的云顶平坦且发展猛烈；而浓积云的云顶有向上的凸起。

中积云（见 P168）。浓积云的垂直高度大于水平宽度，有一种"云塔"的感觉；中积云的垂直高度与水平宽度大体相当。

晚霞映照的浓积云

167

中积云

国际名称：*Cumulus mediocris*（缩写 *Cu med*）
别名：馒头云
所属类群：积云属（云种）
实用观察信息：云朵呈白色棉花状，云底平坦，云顶有许多明显凸起。云体垂直高度与水平宽度相当。

前面说到，浓积云的垂直高度超过了水平宽度。如果这两个尺度差不多，便是中积云。中积云也是一朵朵的"棉花云"，但不像浓积云那么高。有人将中积云形象地比喻为"馒头云"，如果你看到蓝蓝的天空很干净，只在天边有几个馒头形状的大朵白云，很可能就是中积云。

傍晚时的中积云

中积云如果不继续向上发展，不会带来降雨，因而民谚说"馒头云，天气晴"。事实上，中积云在夏日午后也有机会进化为积雨云。但它历时多久生长，最终长成多高，由周围空气的稳定性和温度等因素共同决定。中积云会在风的作用下整齐排列，形成云街，适合在飞机上观看。

三角形的中积云

相似的云

浓积云（见 P166）。与中积云相比，浓积云发展更为剧烈，垂直高度更大。

絮状层积云

国际名称：*Stratocumulus floccus*（缩写 *Sc flo*）

所属类群：层积云属（云种）

实用观察信息：云块呈小块絮状，高度较低。云底通常比较杂乱。

大小不一的絮状层积云

层积云破碎成絮状

絮状云是云种之一，可见于卷云、卷积云、高积云和层积云中。在这几种絮状云中，絮状层积云是云底高度最低的，也最为罕见，因为层积云一般表现为连成片的团块状，而非多个小块状结构。这种云就好像一块块棉絮铺展成一层，分布在距离地面2000米左右的高度上。

如果我们留意絮状层积云那一团团的小棉絮底部，常常会看到其云底很杂乱。这是因为絮状层积云往往是由堡状层积云底部发生消散演变而成的。也就是说，由于大气状态不稳定，原本连在一起的堡状层积云底部消失掉一部分，就留下了上面的一团团小棉絮，从而形成絮状层积云。

相似的云

絮状高积云（见 P143）。絮状高积云比絮状层积云的云底更高、云块更小，排列有一定规律性；絮状层积云一般不会出现整齐的排列，且云块更大。

复层积云

国际名称：*Stratocumulus duplicatus*（缩写 *Sc du*）
所属类群：层积云属（变种）
实用观察信息：两层甚至两层以上不同高度的层积云。在清晨或傍晚，太阳高度低时易于辨认。

　　复层积云由两层甚至两层以上的层积云叠摞在一起组成，云层的云底高度之间有一定差异。如果在云层正下方观察，有时很难区分和辨认。而当太阳比较低的时候，例如傍晚时分，太阳光从地平线附近斜斜地照射到复层积云上，会使不同的云层呈现出不同的色彩，云层的高度情况也在这时展现出来。

　　复层积云可能会伴随其他种类的层积云共同出现。有时，在冷空气到来前，复层积云还会伴随高积云、卷层云等其他高度的云共同出现，发展的最终结果是带来降水，如同民谚所说"云交云，雨将淋"。

复层积云中出现心形图案

复层积云的云层颜色有深有浅

相似的云

复高积云（见 P244）。复层积云的高度较低，云层较厚，通常会有团块状的云相伴；复高积云则表现为两层以上、有规律的薄块云层。

复层积云

幡状积雨云

国际名称：*Cumulonimbus virga*（缩写 *Cb vir*）

别名：胡子云

所属类群：积雨云属（附属特征）

实用观察信息：从积雨云云体下方垂下的灰黑色丝缕状结构，不通达地面。

幡状云指的是云层下方垂下的卷须，它们看上去就像游弋在大气层这片海洋中的水母。幡状云通常是云中掉落的小冰晶或小水滴，遇到了下方温暖、干燥的空气，进而发生升华或被蒸发掉，形成无法通达地面的降水形式。

幡状积雨云的母体云是积雨云，积雨云可从距离地面不到1000米的地方一直生长到超过10000米的高空，积雨云下方的幡状云呈现为灰黑色的丝缕状结构。显然，这些灰黑色的丝缕状结构通常持续时间很短，很快，剧烈的天气变化就会到来。

晚霞中的幡状积雨云

相似的云

降水线迹积雨云（见 P154）。一般积雨云降水时会形成降水线迹，即降水线迹积雨云。只在少数情况下，雨滴没有落到地面就被蒸发，形成短短的幡状结构，即幡状积雨云。一般来说，幡状结构在降水的前期和结束后会在积雨云下出现。

雷雨到来前，积雨云云底的幡状结构清晰可见

173

缟状积雨云

国际名称：*Cumulonimbus velum*（缩写 *Cb vel*）

所属类群：积雨云属（附属云）

实用观察信息：长条形的薄云，出现于积雨云顶部的周围或上方。颜色通常为灰黑色。

　　乘坐飞机路过一块巨大的积雨云时，我们可以细致地观察其全貌，并能看到积雨云的很多附属云。其中，较为常见的一种便是缟状云，它飘浮在巨大的积雨云周围，呈现为水平细条状或薄层状，与那些高高低低团块状的云显得格格不入，仿佛只有它才是积雨云中最淡然的那一种。"缟"这个字，本义就是指一种轻薄的白色丝绸。

　　在地面上，想要观察到缟状积雨云有点困难。特别是在城市中，由于高楼林立，能见度低，我们很难看到远处积雨云的形态，更别说它的附属云和附属特征了。只有在夏季，当积雨云来临时，会有一些白色的薄云先行到达，其实这便是缟状积雨云，只是它和我们观察者离得比较近，没有那种丝绸般的质感。

 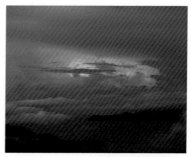

飞机上看到的缟状积雨云　　　　　　　　傍晚的缟状积雨云

相似的云

幞状积雨云（见 P176）。幞状云会出现在积雨云周围一些云体的顶端，呈弧形弯曲；而缟状积雨云是平直的，且范围较大。

破片状积雨云

国际名称：*Cumulonimbus pannus*（缩写 *Cb pan*）

别名：跑马云

所属类群：积雨云属（附属云）

实用观察信息：积雨云下方或周围出现的快速移动的云，高度非常低，可达地面。颜色为黑色。变化非常迅速。

一场雷雨后，天边的破片状积雨云

积雨云云底的破片状结构

　　破片状积雨云是一团团参差不齐的黑色的云，依附于积雨云的底部。当积雨云下方的水汽饱和，就可能形成破片云。它们看起来比上方的积雨云要暗，这是因为它们挡住了本就已经很稀少的阳光。

　　我们看到破片状积雨云的时候，通常有两种可能：一是刚下过雨，二是几分钟之内就会下雨。民谚"西方云底乱，下雨别期慢"，指的是破片状积雨云出现时，会有降雨来临。民谚"满天乱飞云，落雨像支钉，落三落四落不停"，也是说积雨云下方如果出现破片状积雨云，而且移动得很快，意味着很快就会下雨。

相似的云

破片状雨层云（见 P111）。与破片状雨层云相比，破片状积雨云移动快，变化也快。

幞状积雨云

国际名称：*Cumulonimbus pileus*（缩写 *Cb pil*）

别名：雨伞云、帽子云

所属类群：积雨云属（附属云）

实用观察信息：出现在积雨云顶部，外观好像光滑的帽子。有时会产生鲜艳的虹彩色。容易在新形成的积雨云顶部出现。

成长中的积雨云，有时会在顶上戴个"帽子"，这样的"帽子"是一种附属云，名叫幞状云。幞状云只会伴随积云（通常是浓积云）或积雨云出现，是所有附属

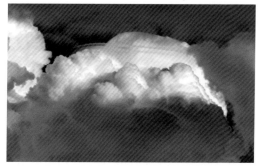

薄薄的幞状积雨云

云中最好看但存在时间最短的云，产生快，消散也快。幞状云是巨大的对流云向上发展形成的，当对流云遇到上层大气中潮湿且稳定的水平气流时，便会形成幞状云，这与荚状云的形成方式有些类似。

幞状积雨云的母体云是积雨云，它的垂直高度很高，可以从距离地面不到 1000 米的高度一直生长到超过 10000 米的高空中。也就是说，如果积雨云进一步发展，可能会把这顶"帽子"顶破，在幞状云的上方露出光秃秃的顶部。

幞状积雨云并不常见，如果你幸运地遇见了它，不妨盯着看一会儿，拍照的话记得一定要手快。

相似的云

幞状积云（见 P230）。可根据其下方的云体进行区分，与幞状积云相比，幞状积雨云下方的云体发展非常剧烈。

环地平弧

实用观察信息：平行于地平线的一截"彩虹"，出现于半空中，正午前后可见。

清晨或傍晚时分，当太阳的高度角低于 32 度时，我们可能会在头顶正上方看到环天顶弧。而正午前后，当太阳位置比较高的时候，我们可能会在半空中看到一截平行于地平线的"彩虹"，这就是环地平弧，也称火彩虹。

通常来说，环地平弧比环天顶弧延伸得更长，而且像是一截被拉直的彩虹，不怎么弯曲。环地平弧也是由于太阳光照射到云中冰晶上发生折射形成的，靠近太阳的一侧呈现为红色。

在北京，春季到秋季这段时间的正午前后，当天空中有冰晶云，即卷云、卷层云或卷积云时，就有可能看到环地平弧。

正午前后的环地平弧

夜光云

从古时候起，人们就对在夜空中能发出神奇亮光的东西格外感兴趣。因而古人会认为最奢华的酒杯莫过于夜光杯，最神奇的珠宝莫过于夜明珠。在地球大气层的高空中，也有这样一件能在黑暗之中闪耀光芒的宝贝，这就是夜光云。

夜光云是天空中最高的云，其高度已经达到了中间层的顶部。这个高度的大气层中充满了冰晶，夏季夜晚时，即使太阳已经落到地平线下 6 度 ~ 12 度，大气中的冰晶依然能够反射地平线下太阳的光辉，形成夜光云。夜光云一般呈淡蓝色或银灰色，这是夜光云中冰晶颗粒散射太阳光形成的颜色。通常，住在极地附近或坐在途经高纬度地区的飞机上，才可能看到这一视觉盛宴。近年来，夜光云也偶尔光顾中纬度地区。2020 年 7 月 7 日凌晨，新智彗星的观测者有幸在夜空中看到了这种淡蓝色的夜光涟漪。

相似的云

卷云（见 P042 / P256）。卷云在日落后不久就变成灰黑色；而夜光云则在入夜后两三个小时依然可见。

2020 年 7 月 7 日凌晨，夜空中的夜光云（照片左上方蓝色波纹）与新智彗星（照片右上方）

雾

傍晚雾气中的灯光　　　　　　　　清晨雾气中的太阳

有时，在清晨或傍晚，空气中会飘浮着很多小水滴，使我们周围变得白茫茫一片，这样的现象可以统称为雾霭。如果根据浓密程度的不同进行细分，能见度低（不超过 1000 米）的叫作雾，而能见度高（1000 米以上）的叫作霭。因而，霭也被称为薄雾。

雾天到来时，说明空气中的水蒸气由于受到冷却，温度降低，温度达到露点时，水蒸气就会凝结成小水滴，形成雾。当然，如果空气中的水蒸气增加，达到饱和，也可能会凝结成小水滴，从而形成雾。有时候，雾的出现也可能是由这两种情况共同造成的。

根据形成机制不同，雾还可以细分成很多种。在寒冷的晴夜，地面迅速冷却会使空气冷却，形成液滴，这样形成的雾叫作"辐射雾"。而空气从暖的表面到了冷的表面时，也会发生冷却，形成"平流雾"。如果空气沿着山坡爬升，随着温度下降，可能形成"上坡雾"。

8月

公历 8 月，夏季的暑热还未过去，初秋的气息已悄悄到来。

按照 21 世纪二十四节气的北京时间，对应公历中的日期范围，大约每年 8 月 6 日—8 日会迎来立秋节气，8 月 22 日—23 日会迎来处暑节气。"处"意为终结，预兆着一年的暑热即将被季风吹走。

8 月初，正午前后的气温依旧居高不下，但清晨和傍晚渐渐到来的凉风还是让温度有所回落，早晚温差开始慢慢变大。

8 月的北京，常常会有辐辏状云在天空中大范围铺开，形成壮观的云天景观。相比上个月，8 月的降雨有所减少，但由于空气中依然富含水分，这个月的清晨有时会出现雾天。

絮状高积云呈辐辏状

地铁五道口站

高积云

国际名称: *Altocumulus*（缩写 *Ac*）

所属类群: 中云族（云属）

实用观察信息: 又小又薄的团块规则排列，轮廓清晰。颜色多为白色。春秋季常见。

　　高积云通常像一个个扁扁的小面包，在天空中铺展成一片。也有的高积云像不明飞行物，而且喜欢单独行动。在晴朗的春秋季，天空中很容易形成高积云。有时更高处的卷积云增厚、下沉，会变成高积云。有时层积云分离开，也会形成高积云。高层云、积云等也都可能发展成高积云。

傍晚时的高积云

　　高积云的组分可能是小水滴，也可能是小冰晶，或者是二者的混合。如果云里全都是过冷云滴，即小水滴温度低于 0 摄氏度却依然以液态形式存在，由此形成的高积云轮廓会比较清晰。如果云里是小冰晶，云的边缘便会变模糊。

　　在十云属中，高积云是云种加变种总数最多的云属之一（与层积云并列第一），共包含 5 个云种、7 个变种（见 P012 的 2017 年版《国际云图》云彩分类表）。

相似的云

层积云（见 P074 / P118）。层积云较厚，云块更大；而高积云的云块较小。

卷积云（见 P218）。卷积云出现时团块较小，没有阴影，且周围常有卷云相伴；而高积云有阴影，云底常为灰色。

波状卷积云

国际名称：*Cirrocumulus undulatus*（缩写 *Cc un*）

别名：鲭鱼天

所属类群：卷积云属（变种）

实用观察信息：非常小的小云块排列成脊状或波状。颜色通常为白色或半透明。

卷积云就像是有人往蓝蓝的天上撒了一大片白色小石子，当这些小石子呈现出波浪状外观，那就是波状卷积云啦。当波浪比较明显且卷积云的云块很小时，看上去就像蓝色天空上的白沙形成的涟漪。

云中之所以出现波浪状外观，主要是由于上层大气存在波动。作为云彩的变种之一，波状云通常会扩展到云彩表面的大部分区域，由此呈现出的外观比较规律，通常为一排排的脊状或波状。波浪结构有的稀疏，有的紧密，有时也会二者共存。

立秋之后，波状卷积云在天空中的出现频率开始变高，它们在秋季的蓝天上会短暂存在一段时间，不一会儿可能就变成别的模样。

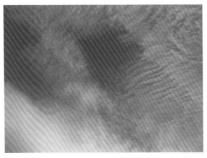

波状卷积云与卷云

相似的云

波状高积云（见 P185）。与波状高积云相比，波状卷积云的条纹细、团块小，高度也较高。

成层状高积云

国际名称：*Altocumulus stratiformis*（缩写 *Ac str*）
所属类群：高积云属（云种）
实用观察信息：高积云云块组合成层状。

有人说，成层状高积云看上去就像天上远远地有一群小绵羊。高积云的小云块连成一片，或铺成一层，覆盖天空中一大片区域，这就是成层状高积云。有时候，天空中可能有不止一层的成层状高积云。

虽然成层状高积云整体铺展成一大片，但细看的话，云块之间的缝隙可大可小。如果缝隙明显，没有连接起来，太阳光能漏过云隙，那么对应的变种便是漏光云，这样的成层状高积云被称为漏光成层状高积云。相反，如果缝隙不明显，云块连接起来，形成的则可能是蔽光成层状高积云。

正如我们在"云和天气观察指南"部分中提到的，可以将云的变种名称与云种名称结合起来，共同描述所看到的云。当然，需要再次强调的是，云种是唯一的，而变种可能不止一个。

成层状高积云如果持续增厚并下降，可能会变成蔽光高层云，甚至变成可能带来降水的雨层云。

成层状高积云大片出现

成层状高积云边缘出现虹彩

相似的云

成层状层积云（见 P081）。与成层状层积云相比，成层状高积云的云体较薄，云块明显较小。

波状高积云

国际名称: *Altocumulus undulatus*（缩写 Ac un）
别名: 海浪云、楼梯云
所属类群: 高积云属（变种）
实用观察信息: 高积云呈现出比较规律的波浪形。小云块边缘清晰。

有人把大气层比作大气的海洋，这个比喻很贴切。就连我们在海面上见到的波浪，也能在大气这片海洋的外在形式上体现出来，这就是波状云。十云属当中，雨层云和积雨云没有变种，其余八个云属除积云和卷云之外，卷积云、卷层云、高积云、高层云、层积云、层云全都有波状云这一变种。

傍晚时残破不全的波状高积云

要想辨识出波状高积云，只需要确认呈现出波浪状外观的云是高积云即可。高积云的云块大小中等，边缘比较清晰。排布非常规则的高积云，也被称作楼梯云，它们往往是晴天的预兆，如同民谚所说"楼梯云，晒破盆"。波状高积云也是所有云属中出现频率最高的波状云之一。

相似的云

波状卷积云（见 P183）。波状卷积云的云块更小，边缘不清晰，周围通常伴有其他卷云存在；而波状高积云的云块大小中等，边缘清晰，高度更低。

波状层积云（见 P146）。波状层积云的云块更厚，高度更低；而波状高积云较高，通常不会连接成大片。

辐辏状高层云

国际名称：*Altostratus radiatus*（缩写 *As ra*）
别名：车轮云
所属类群：高层云属（变种）
实用观察信息：高层云看上去汇聚于地平线上的一点。云条结构多为灰黑色。

　　别看高层云本身灰蒙蒙的似乎没什么特征，但这个云属也包含五个变种。由此可见，高层云的云层排列方式以及透明程度，也是有一定变化的。辐辏状高层云作为高层云的变种之一，特征相对比较明显，但在常见程度方面，其属于相对罕见的类别。

　　和其他辐辏状云一样，在透视效应作用下，辐辏状高层云看上去像是高层云汇聚于远方地平线上某一点，但云层本身呈现出平行排列的纹路。从颜色上看，这些条状结构多呈灰黑色，但辐辏状高层云不会像辐辏状高积云那样纹理清晰，而是稍显朦胧。

辐辏状高层云（摄影：王辰）

相似的云

波状高层云（见 P080）。辐辏状高层云的条状结构与云层运动方向一致；而波状高层云则与云的运动方向垂直。

辐辏状高层云因遮蔽阳光而呈灰黑色

穿洞高积云

国际名称：*Altocumulus cavum*（缩写 *Ac ca*）
别名：云洞、穿洞云
所属类群：高积云（附属特征）
实用观察信息：高积云的云层中出现洞状结构。在大片的、薄薄的高积云中容易出现。

　　明代江南才子唐伯虎曾经写过："但闻白日升天去，不见青天走下来。有朝一日天破了，人家都叫阿瘤瘤。"你知道吗，这样的景象在天空中是真有可能出现的，这种现象被称为"穿洞高积云"。

　　当高积云在天空中铺展开，云中可能会出现一个边界清晰的大洞，有时圆，有时长，有时两三个洞同时出现并相互交叠，此时便形成穿洞高积云。每个云洞下通常会出现几缕幡状云，若是此时有合适的阳光，且幡状云中冰晶种类合适，还可能会在幡上出现环地平弧的景象。

云洞下方出现幡状云

大片薄薄的高积云中出现云洞

　　严格来说，现在大多数穿洞高积云的形成都与飞机航行有关，当飞机起落时穿过云层，会扰动原本均衡的云体，导致冰晶和水滴互相碰撞、并合，形成更大的粒子并下落，从而导致这一部分云中出现空洞。因此，穿洞云也被称为"雨（雪）幡洞"。

　　在北京，穿洞云虽然不多，但还是有一些机会可以看到，因为机场每天起落的飞机甚多，若是恰好遇到合适的成层状高积云，那么我们就有机会欣赏到这种漂亮的云了。

189

降水线迹层积云

国际名称： *Stratocumulus praecipitatio*（缩写 *Sc pra*）

别名： 胡子云、水母云

所属类群： 层积云属（附属特征）

实用观察信息： 从层积云云体下方垂下的丝缕状结构，通达地面。颜色为灰色。北京地区周边的山谷中常见。

降水线迹云是云的附属特征之一，云体下方垂下的丝缕状结构是云体降水的标志，这种结构的出现表明不远处已经有降水发生。如果有机会站在比较远的地方观看，灰色云丝与地面相接的景观还是比较特别的。

降水线迹层积云通常为灰色丝缕状，但有的时候，云丝看着并不细，反而像是若干细丝汇聚起来，形成有点模糊的、较粗的条状。

降水线迹层积云通常只发生在层积云的局部，并不会引发大

山中的层积云降水虽不猛烈，周围却也模糊不清

范围普遍降水。如果去北京地区周边的高山游玩，可能会在山谷中见到降水线迹层积云。

相似的云

降水线迹雨层云（见 P106）。与降水线迹雨层云相比，降水线迹层积云的云体较薄，有明显的云块可见，不会带来大范围降水。

层积云垂下灰色的雨丝

悬球状积雨云

国际名称： *Cumulonimbus mamma*（缩写 Cb mam）

别名： 悬球云、乳状云、梨状积雨云

所属类群： 积雨云属（附属特征）

实用观察信息： 积雨云云体下方出现的球状结构，边缘光滑。颜色为灰黑色。夏季雷雨前后常见。

　　悬球状云是云的附属特征之一，其名称非常形象，指的是母体云下方悬吊着球状结构，或者说，云底之下好像长出了一个个鼓包。如果傍晚时分出现雷阵雨，一场急雨过后，积雨云还未完全消散，下方悬吊的悬球云映照着夕阳的颜色，看上去会非常梦幻。

　　悬球状积雨云既可能出现在降雨之前的积雨云底，也可能出现在降雨过后的积雨云底。相比其他云属的悬球云来说，降雨前的悬球状积雨云来势汹汹，颜色通常较暗，而降雨后的悬球状积雨云则可能呈现为明亮的白色。

　　通常，球状结构比较明显时，并没有下雨，而当球状结构开始消散时，下雨概率却开始增大。一些民谚描述了夏季雷雨前的悬球云，如"浓云挂奶，冰雹要来""悬球云，雷雨不停"等。

降雨前的悬球状积雨云

相似的云

其他类型的悬球状云。与其他类型的悬球状云相比，悬球状积雨云最容易见到，悬球最明显，通常伴随着剧烈的天气变化。

夕阳映照下的悬球状积雨云

弧状积雨云

国际名称：*Cumulonimbus arcus*（缩写 *Cb arc*）
所属类群：积雨云属（附属特征）
实用观察信息：积雨云的云体延展出拱弧状结构。出现于强降水到来前。

弧状云是云的附属特征之一。在十云属中，只有积云和积雨云拥有这一附属特征。弧状积雨云的外观看上去就像个面包圈，呈拱弧状出现于积雨云前方，也有人形象地称其为积雨云的保险杠。

弧状积雨云可能是单层，也可能包含多层，边缘有少许破碎。这种诡异的外观看上去有点吓人，如果你见到它，赶紧寻找安全的避雨地点吧。因为不久之后，猛烈的强降水就会到来，如同民谚所说"滚轴云来，风急雨猛"。

弧状云呈现出多层结构

194

积雨云到来时的弧状云

日柱

日柱的名称非常形象，它就像一根明亮的光柱垂直于地平线，贯穿太阳中心。

这道明亮的光柱，实际上是悬浮在云中的无数小冰晶的杰作。太阳光照射到这些冰晶上，擦过它们明亮的表面发生反射，就会形成日柱。当大气中的冰晶方向和形状满足一定条件时，才会形成日晕或环天顶弧，而日柱不同，即使很不规则的粗糙冰晶，只要它们整体是扁平的，呈水平方向悬浮在空中，低空的阳光照射之后，就可能形成日柱。

日柱特写

日柱的明亮程度与太阳的高度有关，当太阳刚刚落下地平线时，我们看到的日柱最为明亮。

日落前的日柱（拍摄地点：内蒙古）

朝霞

红色朝霞

清晨，在太阳跃出地平线的那段时间里，阳光需要在大气层中穿过很长一段距离。这样一来，可见光中波长较短的蓝光照射到空气分子上之后散射得更厉害，剩下波长较长的红光渲染整个天空和云层，形成壮丽的朝霞。

朝霞颜色最深的时候是日出前，这时的阳光在大气层中穿行的距离最长，天空和云层呈现为浓郁的红色。而当太阳升起后，就会给天空加入金黄色，我们可能会看到橙色甚至金色的朝霞。

朝霞的存在往往说明东边天空中有很多小水滴，如果后续的发展使得云层增厚，则可能带来降雨，因而民谚说"朝霞不出门，晚霞行千里"。但这些小水滴也可能在日出之后逐渐蒸发掉，因此只有持续关注云层的后续发展，才能更准确地预测天气。

清晨的天空中如果有荚状云，在朝霞映照下会格外好看。哪种云染上霞彩最让你心动呢？

橙色朝霞

多云

淡积云和积云性层积云形成多云天气

　　天上的云有时多，有时少，有时云块铺满整个天空，但在云块间依然能看到蓝天和太阳，有时云层看着不厚，但使整个天空变得阴沉。在天气预报中，有云的天气可能是"多云""晴间多云"，还可能是"阴"。那么，究竟天上有多少云算是多云呢？

　　在气象学术语中，"多云"是有专门界定的，划分依据是云量的多少，这也是专业气象观测中需要监测的信息之一，即需要观测整个天空中有多大比例被云覆盖。通常将天空分成 10 等份，没有云或云覆盖的天空不足 0.5 份时，云量为 0；云遮盖一半的天空时，云量为 5，以此类推。随着现代科学技术的发展，云量的监测可以借助卫星、云雷达、激光雷达等设备。在这样的划分体系下，多云指的是天空中的中、低云族的云量为 4 ~ 7，高云族的云量为 6 ~ 10。多云时，既能看到满天的云，也能看到蓝天。

波状高积云占据了大部分天空

9月

公历9月，真正的秋天到来了。

按照21世纪二十四节气的北京时间，对应公历中的日期范围，大约每年9月6日—8日会迎来白露节气，9月22日—23日会迎来秋分节气。秋分这一天，北半球的白天缩短到和夜晚一样长，秋分过后，夜晚会变得越来越长。

从气象学意义上说，连续5天平均气温低于22摄氏度被认定为秋天，气象学意义上的秋天在北京通常始于9月上旬。秋天的清晨和傍晚，气温变得更低，日夜温差也逐渐增大。

在晴朗的日子，秋季的天空显得格外高远，带给我们秋高气爽的感受。冷空气的逼近有时会给这个月的天空带来卷层云，不经意光顾的秋雨时不时把气温拉低一截。过去十年来，北京9月份的降雨过程少则一次，多则七八次。

9月的北京，积云性层积云、荚状层积云和高积云同时出现在蓝天上

层云

国际名称：*Stratus*（缩写 *St*）

所属类群：低云族（云属）

实用观察信息：云体呈雾状，没有明显的轮廓和结构。云底高度很低，甚至接连地面。颜色多为乳白色或灰色。

　　层云是所有云属中最低的云，是在较稳定的大气中因大范围气流上升所形成的云。

　　层云看上去就是一层灰色的云，云底通常比较均匀，感觉离地面很近。层云出现时，很容易遮挡住城市中较高的建筑物顶部。如果你想体验置身云中的感受，可以试试在层云出现时去高高的旋转餐厅。当然，更好的感知机会是去爬山，山间的层云可能会扑面而来，那是一种什么样的体验呢？下次爬山时，不妨好好感受一下吧。

　　在清晨和傍晚的时候，层云也可能会和雾一同出现，使四周变得白茫茫一片。

　　在十云属中，层云是云种和变种都比较少的，它一共包含 2 个云种、3 个变种（见 P012 的 2017 年版《国际云图》云彩分类表）。

百花山上的植物笼罩在层云中

相似的云

高层云（见 P056）。层云更像雾气；而高层云不会给人这种感觉。

雨层云（见 P096）。雨层云的云底结构清晰，常伴有降水；而层云的云底模糊，无大量降水。

北京百花山层云密布

网状高积云

国际名称：*Altocumulus lacunosus*（缩写 Ac la）
所属类群：高积云属（变种）
实用观察信息：云体偏薄，具有多孔状特征，孔洞排列比较规则。

如果你在高积云中看到了好似蜂巢般的孔洞结构，赶紧拍个照吧，这就是网状高积云。它的外观很快就会发生变化，不一会儿就会变成别的样子。

网状高积云的孔洞图案是上升的空气形成的杰作。通常来说，上升的空气会使高积云的小云块排列得比较规则。但对网状云来说，这种规则性体现在孔洞的排列上。密度大、温度低的上方空气下沉，密度小、温度高的下方空气上升，使前者所在的位置上形成孔洞，后者所在的位置上形成孔洞周围的高积云。

网状高积云与荚状高积云

网状卷积云（见 P098）。网状卷积云比网状高积云的云体更薄，高度更高，孔洞更细密，且周围多呈丝缕状。

网状高积云

薄幕层云

国际名称：*Stratus nebulosus*（缩写 *St neb*）

所属类群：层云属（云种）

实用观察信息：云体呈雾状，没有具体的形态结构，在清晨可形成丁达尔现象（当一束光透过胶体，从垂直于入射光的方向看，胶体中有一道光亮的"通路"）。在海拔1000米左右的山上可以看见层云云海。

薄幕层云好似雾状　　　　　　薄幕层云遮掩住建筑物顶部

　　薄幕层云是层云的两个云种之一，没有什么明显的结构特征。这种由小水滴形成的灰色薄幕，能在天空中绵延好几千米，遮掩住建筑物的顶部。如果微风携带着凉爽潮湿的空气，遇到温度较低的海面或地表，就可能会形成很低的薄幕层云。

　　薄幕层云也有厚度的差异，因而对光线的遮挡能力也不相同。有时它能遮挡住太阳光，这样的变种叫作蔽光云，结合云种本身的名称，就是蔽光薄幕层云。有时透过薄幕层云，我们依然能看到太阳的轮廓，这就是透光薄幕层云。

　　薄幕层云非常低调，它既不会产生日晕和幻日，也不会产生降雨和降雪。清晨形成的薄幕层云，在太阳升起来之后，可能会渐渐变成成层状层积云。

相似的云

　　碎层云（见P205）。薄幕层云没有形态结构；而碎层云的云体比较破碎。

碎层云

国际名称：*Stratus fractus*（缩写 *St fra*）

所属类群：层云属（云种）

实用观察信息：云体呈破碎的棉絮状，距离地面很近。多在山地出现，会沿着山坡运动。

　　前面说到，层云属一共有两个云种，一个是薄幕层云，另一个就是碎层云。碎层云可以单独出现，也可以作为一种附属云出现于积雨云或雨层云的下方，后一种情况被称作破片云。

　　碎层云和破片云的名称，都非常形象地指明了其外观特征——云体破碎。如果你喜欢爬山，那很容易遇到这种云。碎层云常常会紧贴着山坡出现，这是因为碎层云本身就是饱和的湿空气在缓慢爬升过程中发生冷却形成的。别看这种云这么小片，偶尔它也会给我们带来一点毛毛雨。

　　有人说层云令人感到压抑，毕竟云体低，又没什么结构。但碎层云的出现却能增添一点趣味，打破人们对层云的刻板印象。我国古代就曾有一些细心的画家，在他们的山水画作品中描绘了山坡上的碎层云，使山水画变得更加生动。

山中缓缓腾起的碎层云

蔽光层云

国际名称：*Stratus opacus*（缩写 *St op*）

所属类群：层云属（变种）

实用观察信息：云体厚，呈雾状，边缘不清晰。颜色为灰黑色。透过云层看不到太阳。

　　层云一共有三个变种，分别是蔽光层云、透光层云和波状层云。顾名思义，蔽光层云指的是能够把太阳光或月亮光完全遮蔽的层云，可见这种层云也相对厚一些。

　　在气温下降的清晨，尤其是在山间，我们很容易见到这种云。有时候，出现于山间的蔽光层云几乎贴近地表，而且看上去好像整天都在山中徘徊，久久不散。出现于城市清晨的蔽光层云，随着太阳升高可能会渐渐变成其他的云，例如成层状层积云。

　　不管是什么样的层云，只要最终能在清晨消散，通常都会为我们带来晴朗的一天。

山间笼罩着蔽光层云

浓密的蔽光层云

相似的云

蔽光层积云（见 P124）。与蔽光层积云相比，蔽光层云没有清晰的边界。

雨层云（见 P096）。两者的区分主要在云底。与蔽光层云相比，雨层云的云底结构清晰而参差不齐。

透光层云

国际名称：*Stratus translucidus*（缩写 *St tr*）

所属类群：层云属（变种）

实用观察信息：云体薄，呈雾状，高度较低。透过雾状云体可见太阳光，且可看清太阳边缘。

清晨的透光层云（拍摄地点：马来西亚）

　　相比蔽光层云来说，透光层云没有那么厚，正是因为透明度够好，所以白天时我们能够透过这层薄薄的雾状云看到太阳光。夜晚，透过透光层云，我们能看清月亮的轮廓。

　　透光层云不会像蔽光层云那样令人感到压抑，也不会把周围的树木和建筑物给遮挡住，反而会给周围的景色笼罩上一层梦幻的效果，就好像照相的时候加了柔光镜。爬山时如果置身于透光层云中，会有宛若进入仙境的感觉。

　　容易出现于清晨时分的透光层云，在太阳升起后就会很快消散。

相似的云

透光高层云（见 P246）。透过透光高层云看太阳，太阳边界模糊；而透过透光层云看太阳，太阳边缘较为清晰。

悬球状高积云

国际名称：*Altocumulus mamma*（缩写 *Ac mam*）
别名：悬球云、乳状云
所属类群：高积云属（附属特征）
实用观察信息：高积云云底出现的半球状结构，边缘光滑，透过半球状结构的间隙可以看见天空。

在悬球云中，悬球状高积云属于较少见的一个品种。如果说悬球状积雨云是大个的黑芝麻元宵，那么悬球状高积云就是酒酿圆子，而更高的悬球状卷积云则是疙瘩汤里的疙瘩。悬球状高积云，指的是高积云的下方悬吊着一个个半球状结构，半球的边缘比较光滑。相比于来势汹汹的悬球状积雨云，在悬球状高积云出现时，我们往往能够在球状结构的间隙中看到晴朗的蓝天。

悬球状高积云到来时不一定会带来降水，甚至有时还与好天气相伴。当天空中出现高积云晚霞时，我们可以关注一下云底的细节，很有可能找到高积云下的悬球结构。因为此时的阳光斜射，更容易勾勒出云的形态，让我们发现那些平时不易看到的结构。

酒酿圆子似的悬球状高积云

晚霞映照的悬球状高积云（摄影：王辰）

相似的云

悬球状层积云（见 P110）。与悬球状层积云相比，悬球状高积云的球状结构较小，高度较高。

破片状积云

国际名称：*Cumulus pannus*（缩写 *Cu pan*）
所属类群：积云属（附属云）
实用观察信息：积云下方出现的破碎云团，形状不规则，边缘破碎。云体较薄，形状多变，高度较低时通常呈灰黑色。

如果你在积云的下方看到一些破碎的小云，注意，不要简单地将它们认定为碎积云，这样的破碎小云可能是积云的附属云——破片状积云。在个别情况下，破片状积云也可能组成较大的一团，但边缘依然很破碎。

如果我们站在比较高的地方，例如在山坡上，平视前方看到了破片状积云，那它们的颜色可能很白；如果我们在仰望天空时看到头顶上方有破片状积云，它们多半会由于其上方存在的积云遮挡住了太阳光，而映衬得这些破碎云团变成灰色，甚至黑色。

积云下方出现的破片云

碎积云（见 P062）。碎积云可单独出现；而破片状积云附属于积云下方，其上有明显的积云。

日出前的破片状积云呈现出墨色

混乱天空

国际名称：*Altocumulus of a chaotic sky*

所属类群：高积云

实用观察信息：好几层不同形态的高积云出现在不同高度上。通常伴随着卷云、积云出现。

　　"混乱天空"是一个气象学术语，指的是多种不同形态的高积云出现在不同的高度上。这些高积云可能是堡状、荚状等各种形态，既包含高一些的薄高积云，也包含低一些的厚高积云，它们至少出现在3个高度上。所以，"混乱天空"是高积云的一种情况，描述的是一种混乱复杂的天空状态。

混乱天空的高积云有多种形态

混乱天空除了各种高积云外，还伴有卷云和积云

  1939 年，世界气象组织在《国际云图》中引入了一套编码体系，即"云天编码"。这套编码体系将每个云族划分出 9 个编码，低、中、高云族共计 27 个编码。与现在国际通用的分类体系不同，云天编码描述的是云彩的动态变化过程。其中，中云族的第 9 号编码就是混乱天空的高积云。

  这些高积云之所以如此混乱，说明天空中存在混乱的气流。随之而来的，可能会是剧烈的天气变化甚至降水，如同民谚所说"乱云天顶绞，风雨来不少"。如果你见到"混乱天空"，记得带上雨伞啊。

相似的云

多种云同时存在时。看是否有多种形态、多个高度的高积云存在并伴有卷云和积云，否则不构成混乱天空。

闪电

因距离较远而变红的闪电

215

温暖的季节，当大气层状态不稳定，空气中水汽比较充沛时，旺盛的对流可能会形成对流性天气系统，带来雷暴、冰雹等灾害性天气，产生巨大的破坏力。

各种各样的云，或多或少都带电。旺盛的对流会使云中的电荷分离出来，于是云的不同部位之间、云与地面之间，都可能逐渐产生很大的电位梯度。当电位梯度大到超过空气所能承受的极限时，便会形成放电现象，这就是闪电。

闪电可能发生于云与地面之间、云的内部，或云与周围大气之间。多数情况下，闪电和雷鸣是伴随着对流旺盛的积雨云出现的，也有少数情况，我们能看到闪电，听到雷鸣，但并没有降水发生。不管怎样，如果你想观察闪电这种自然现象，记得一定注意安全。

夜晚出现的较近的蓝色闪电

公历 10 月,暮秋时节草木的颜色变化让我们体会到什么是秋意正浓。

按照 21 世纪二十四节气的北京时间,对应公历中的日期范围,大约每年 10 月 7 日—9 日会迎来寒露节气,10 月 22 日—24 日会迎来霜降节气。从这两个节气的名称不难看出,日渐寒冷的天气已经到来。其中,霜降是秋天的最后一个节气。

随着空气湿度逐渐降低,晴朗的蓝天让人感到非常清爽。由于昼夜温差增大,草木和物体表面在这个季节的清晨更容易出现露水。遍布满天的卷积云,是这个月天空中很容易见到的景观。

过去十年来,北京的 10 月时不时会有小雨光顾,一场场秋雨,宣告着天气日渐寒凉。

絮状高积云晚霞

卷积云

国际名称：*Cirrocumulus*（缩写 *Cc*）

所属类群：高云族（云属）

实用观察信息：很小的团块整齐排列，团块边缘不清晰。颜色多为白色，较透明。周围常有卷云相伴。

在十云属中，卷积云是最不常见的一种。它们由许多单独的小云块组成，像是小小的白色颗粒撒在天上，有人形象地称其为蓝天上的一把盐粒。

在地面上看，卷积云的云块与层积云和高积云相比是最小的。但假如我们有机会飞到高空中，便会发现，卷积云云块的实际尺寸可能和高积云相当，它们看上去那么小是因为离我们太远啦。有多远呢？卷积云的云底通常距离地面 9000 米以上。

在秋日的天空中，很容易见到卷积云。日本人看到这样的云，觉得它们很像一大群聚集起来的沙丁鱼或青花鱼，因而形象地称其为沙丁鱼云、青花鱼云。卷积云的存在时间往往很短，如果它们在高空中遇到强风，可能会被吹成薄薄的一层，或者在云中产生波纹。

卷积云呈现波状结构

卷积云一共包含 4 个云种、2 个变种（见 P012 的 2017 年版《国际云图》云彩分类表）。

相似的云

层积云（见 P074 / P118）/ **高积云**（见 P182）。可以通过团块大小判断：层积云的团块最大、最厚，高积云次之，卷积云最小。此外，若同一高度周围有卷云存在，那一定是卷积云。

卷积云中出现规则的孔洞

荚状卷积云

国际名称: *Cirrocumulus lenticularis*（缩写 *Cc len*）

别名: 飞碟云

所属类群: 卷积云属（云种）

实用观察信息: 云体较薄，从侧面看边缘呈弧形，从下方看呈卵圆形或圆弧形，拥有光滑的绸缎般的质感。较透明。

荚状云是人们公认的最可爱的云种，可见于卷积云、高积云和层积云中。荚状卷积云在所有荚状云中高度最高，也最罕见。傍晚时分出现的荚状卷积云，更容易让我们看到它们侧面的形态；而出现于白天天空中的荚状卷积云，更像一个白色半透明的扁圆片。

荚状卷积云外形长得像凸透镜，再加上半透明的质感，有人形象地称之为透镜状卷积云。由于云体比较薄，所以当荚状卷积

半透明的荚状卷积云

云位于太阳附近的时候，很容易在其边缘产生好看的虹彩云。如果想要看到更多的荚状卷积云，可以考虑去丘陵地区游玩，那里出现这个可爱云种的机会更多。

相似的云

荚状高积云（见 P102）。与荚状高积云相比，荚状卷积云的云体较薄，颜色为半透明，且周围可能有卷云、卷积云相伴。

堡状卷积云

国际名称：*Cirrocumulus castellanus*（缩写 *Cc cas*）
所属类群：卷积云属（云种）
实用观察信息：细小的卷积云向上生长出小小的堡状结构。堡状结构底部在同一平面上。

　　如果把卷积云比作蓝天上的白色盐粒，那么，要辨识出堡状卷积云就更要多一点认真。你需要仔细观察那些白色盐粒，如果它们向上生长出一个个小的堡状结构，而且堡状结构的底部似乎在同一平面上，那你就可以确定啦，这就是堡状卷积云。

　　如果我们在地面上给这些小小的城堡单个量量尺寸，它们能有多大呢？差不多视角不到 1 度。可以这样理解 1 度的概念：当你站在地面上，把头顶的天空想象为一个扣在地面上的半球。从你左侧的地平

堡状卷积云有明显的向上凸起结构

线到右侧的地平线，正好是一个半圆，也就是说，天空的角度为180度。一个堡状结构的大小，大约就是把这个半圆按角度均匀切分为180份之后占了其中的一份，这是在地面上远看的结果。如果我们去距离地面9000米之上的高空观看，这些堡状结构的尺寸也很惊人。

傍晚时的堡状卷积云

相似的云

堡状卷云（见P045）。堡状卷积云具有明显的小团块；而堡状卷云的云底比较平坦。

223

辐辏状积云

国际名称：*Cumulus radiatus*（缩写 *Cu ra*）

别名：云街

所属类群：积云属（变种）

实用观察信息：独立存在的积云云块整齐排列，因透视效应看上去好像汇聚于地平线上一点。更适宜在飞机上俯视观看。

辐辏状积云也称云街，通常指的是中积云一道道平行排列的样子，看上去整齐而好看。这种平行排列所顺应的方向，实际上差不多就是下层空气的风向。在透视效应下，辐辏状积云像车轮的辐条一样汇聚于地平线上某一点。

有的时候，云街并不是由很多云块排成平行线，而是像浅滩处供行人踩踏通过的一块块石头，排成一条线。这样的景观也很有趣，让人忍不住幻想，踩跳在这些积云云朵上会是什么感觉。

早在 1935 年，滑翔机飞行员就注意到了这种特殊的云，并在飞行过程中借助了云街的帮助，想想看，是不是很神奇？

 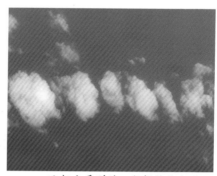

好几行辐辏状积云　　飞机上看到的一行辐辏状积云

相似的云

辐辏状层积云（见 P084）。辐辏状层积云连接成条或片；而辐辏状积云是由独立存在的云块排列而成的。

波状层云

国际名称：*Stratus undulatus*（缩写 *St un*）
所属类群：*层云属（变种）*
实用观察信息：*云体呈雾状，边界不清晰。云底有波浪状结构但不明显。云底的波浪，颜色通常为灰白相间。*

傍晚时的波状层云呈现为灰黑色

　　按说层云属的云的存在感并不强，它们看上去普普通通，只是雾蒙蒙的一大片，若不是厚重到影响人们的行车和日常生活，甚至都很难引起人们的注意。介绍层云属的时候，我们曾提到，层云一共包含三个变种，其中的蔽光层云和透光层云已在9月的内容中介绍过，这里的波状层云就是第三个变种。

　　波状层云的底部呈现出波浪状结构，说明其下方的大气中存在着波动，但由此形成的可视化波状特征通常并不容易辨识。当太阳比较低的时候，波状层云的条纹颜色会明显变暗，如果遇到这样的绝好时机，一定要仔细观察一下这些平常难见真身的波纹。

相似的云

波状层积云（见 P146）。与波状层积云相比，波状层云的边缘不清晰，呈雾状，高度更低。

糙面层积云

国际名称：*Stratocumulus asperitas*（缩写 *Sc asp*）

所属类群：层积云属（附属特征）

实用观察信息：密集的云块铺展成层，整体看上去粗糙不平。云底呈现出复杂的纹路，好像汹涌的海面。

如果评选外观最诡异的云，糙面云一定是热门选手之一。它正式作为附属特征出现于《国际云图》中，是 2017 年的事。在十云属中，拥有这一附属特征的云属只有高积云和层积云。

很早之前，就有人注意到了这种外观特别的云，最终提请世界气象组织审定并得到认可，要感谢热心的云彩爱好者群体。这件事也大大鼓舞了云彩爱好者，万一未来又有其他新品种被发现呢，那也不是没有可能。

糙面层积云的云底呈现出波状结构

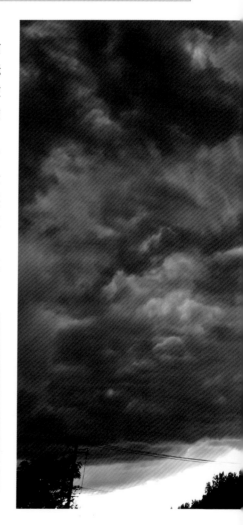

糙面云整体看上去很粗糙，云体比较密集，云底有波状的纹路且边界比较清晰。这些纹路看着很光滑，让人联想到汹涌起伏的大海。糙面层积云在城市上空出现的时候，往往给人强烈的压抑感，另类的外观也会使人产生不好的联想。实际上，这种云只是看着吓人，并不直接与特定的天气相关。

糙面层积云的云底有颗粒状结构

迭浪积云

国际名称: *Cumulus fluctus*（缩写 *Cu flu*）
别名: 浪花云
所属类群: 积云属（附属特征）
实用观察信息: 积云高度上出现的浪花状云。有时只有一两朵"浪花"，看上去颜色很白，很密实。

迭浪积云（图片右侧）的上部卷曲明显

迭浪积云与迭浪卷云的形成原理一样，它们都是由于云中存在开尔文—亥姆霍兹不稳定性而产生的一种附属特征，以前这种云也被统称为开尔文—亥姆霍兹波。2017 年版《国际云图》中，将这种浪花状的云划为附属特征，并按照其所在的高度对应云属。

迭浪积云就像颜色很白的浪花，模样非常可爱，更为有趣的是，它们有时会以一两朵浪花的形态出现，而非长长的一串浪花。能够产生这种小小的卷曲，说明它所在位置上的空气出现了分层，两层空气流速不同，最终卷出了好看的浪花。

迭浪积云像一朵小浪花

相似的云

迭浪卷云（见 P127）。与迭浪卷云相比，迭浪积云颜色不那么透明。

迭浪层积云。迭浪层积云为一大片。

迭浪层积云

幞状积云

国际名称：*Cumulus pileus*（缩写 *Cu pil*）
别名：帽子云、雨伞云
所属类群：积云属（附属云）
实用观察信息：积云上方出现光滑的帽子状薄云。在浓积云顶部更容易见到。

幞状云是一种附属云，可见于积云和积雨云这两个云属。其国际名称 *Pileus* 来自拉丁语，本义是希腊和后来的罗马人戴的一种无边毡帽。当积云发展得比较迅猛时，在快速向上生长的过程中可能会在顶部出现平滑的云盖，好像积云戴上了帽子，这就是幞状积云。

积云猛烈上升，会把原本位于其上方的空气向上抬升，这层空气中的水蒸气遇冷凝结，就形成了幞状云。这时水蒸气凝结成的小水滴往往很小，而且尺寸均匀。所以，幞状积云出现于太阳附近时，会产生漂亮的虹彩。有时候，幞状积云也会出现两层甚至多层结构，看上去像是积云戴了好几个帽子，非常有趣。

幞状积云上出现虹彩

半透明的幞状积云好似水母

相似的云

荚状卷积云（见 P220）/ **荚状高积云**（见 P102）。荚状云往往单独出现；而幞状积云位于积云的云顶，不会单独出现。

虹彩云

国际名称：*Iridescence*
别名：彩云、七彩祥云
实用观察信息：太阳附近的云上出现柔和的彩色。可见于各种薄云中，也可见于厚云的边缘。

　　虹彩云是网络平台上最容易引发关注的云之一。你可能会在网上看到一些报道，例如在北京故宫角楼等特别的地景附近，天空中出现了七彩祥云。我国古人早就留意到了天空中这种美丽的色彩，称其为祥瑞之兆，因而人们常称这样的云为彩云、祥云、瑞云、景云等。

　　虹彩云有着像彩虹一样的美丽色序，这是当太阳光穿过薄薄的云层时，从微小的液滴附近经过，发生衍射而形成的光学现象。按照波长的不同，太阳光的颜色被分散开呈现出来。如果云中小水滴大小不一，也可能形成不规则排布的色彩。

　　由于外观好看，人们将虹彩云看作吉兆，非常珍视它。实际上，虹彩云极其常见，不管什么季节、什么地方，任何云只要在太阳附近出现并且足够薄，都可能形成漂亮的虹彩。

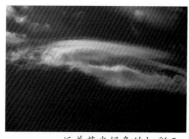

泛着荧光绿色的虹彩云

高积云产生的虹彩云

相似的云

日华（见 P134）。日华以太阳为圆心，是排布规则的彩色同心环；而虹彩云在太阳附近，可能有不规则的色彩。

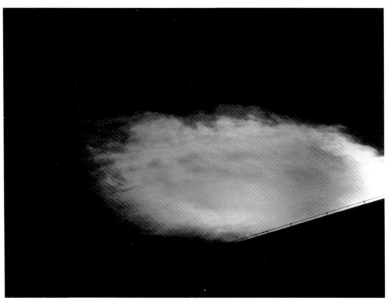

荚状云呈现出明显的虹彩色

高积云局部出现虹彩色

曙暮光

　　如果你留意过太阳升起前和落山后的天空，一定会注意到，在这两个特殊时段，蓝色的天空和地平线之间出现了神奇的色彩，这就是曙暮光。曙暮光有多种色彩，曙光对应太阳升起前，暮光对应太阳落山后。

　　早在唐代，诗人岑参就曾在《奉和中书舍人贾至早朝大明宫》的开篇写道"鸡鸣紫陌曙光寒，莺啭皇州春色阑"，其中第一句的意思是曙光初露，天气犹寒，走在上朝的路上听到鸡鸣报晓。这里的曙光初露，说的就是太阳升起前阳光从地平线下散射出来，照亮了低层的大气。

　　科学家根据太阳高度角的不同，将曙暮光细分为三种，分别是民用曙暮光、航海曙暮光和天文曙暮光。在此不做细述，只是提醒大家多多观察曙暮光时段的天空，各种神奇的色彩一定会给你惊喜。

紫色曙暮光

橙色曙暮光　235

紫色曙暮光

11月

公历 11 月，是历法上冬天开始的月份。

按照 21 世纪二十四节气的北京时间，对应公历中的日期范围，大约每年 11 月 6 日—8 日会迎来立冬节气，11 月 21 日—23 日会迎来小雪节气。

这个月的月初前后，是北京银杏树最为灿烂的时候。逐渐回归的北风扬起五彩缤纷的秋叶，让天空也变得颜色更加多彩。然而，随着供暖季的开始，雾霾的发生频率也有所升高，空气中的色彩偶尔会因此增添几分晦暗。北京 11 月的晴天不算很多，多云甚至阴天的天气平均占据十天以上。

随着白天越来越短，气温开始向 0 摄氏度以下发展。低温跌到 0 摄氏度以下的日期，大多是 11 月上旬。近十年来，北京多数年份在 11 月会有一场降雪。降雨少则一场，多则五场以上，只有极个别年份无降雨。

傍晚时淡紫色的曙暮光

卷层云

国际名称：*Cirrostratus*（缩写 *Cs*）
所属类群：高云族（云属）
实用观察信息：云体呈片状，有丝缕状结构，云底较高。颜色为白色或灰白色，半透明。卷层云出现时，太阳周围很容易形成日晕等光学现象。

　　如果要评选十云属中最朴素的云，卷层云绝对实至名归。卷层云朴素到什么程度呢？当它们在天空中铺得比较薄的时候，会让地面上的人们误以为天上没有云，只是天空看上去稍稍变白了一点。所以，日本人看到这种云，直接称其为薄云。

　　卷层云是由位于高空中的小冰晶组成的一层薄云，它们通常会覆盖整个天空，使原本湛蓝的天空看上去增添了几分乳白色。当卷层云增厚变成灰色时，往往会有丝丝缕缕的结构呈现出来。无论薄厚，卷层云在产生大气光晕现象方面是最为出色的云。

月光下的卷层云

卷层云出现在天空中时，我们需要关注它们的后续发展。你可别小看这外观朴素的云，它们的行为预示着未来一两天内的天气变化。如果卷层云中慢慢出现一些裂隙，逐渐形成了卷积云，那说明未来的一两天内天气会比较干燥，不用担心降雨。

卷层云一共包含 2 个云种、2 个变种（见 P012 的 2017 年版《国际云图》云彩分类表）。

卷层云产生幻日

相似的云

高层云（见 P056）。高层云不会产生大气光晕现象；而卷层云在产生大气光晕现象方面是最为出色的云。

絮状卷云

国际名称：*Cirrus floccus*（缩写 *Ci flo*）

所属类群：卷云属（云种）

实用观察信息：云体呈现为较短的丝毛状，团块比较细小蓬松，相互独立，边缘不清晰，像天上的一片小草丛。

絮状卷云就像是高空中一团团蓬松的小棉絮，这些小棉絮本身通常是相对独立的，如果将其形容为一丛一丛的草，应该很形象。通常絮状卷云团块结构的宽度不会很大，大概在 1 度左右，也就是我们伸直手臂，伸出一根手指的大致宽度。如果这个团块的水平宽度更小一些，那就很有可能是另外一种云——堡状卷积云。

絮状卷云也可能或多或少有平行的纤维状结构，像是蓬松的小棉絮底部向下弯曲着小尾巴。日本人看到这种形态的卷云，认为它们长得像一个个小房子，因而称其为房状卷云。

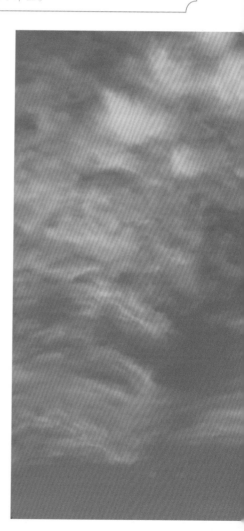

絮状卷云与毛卷云

毛卷云（见 P044）。与毛卷云相比，絮状卷云有蓬松的团块状结构。

淡淡的絮状卷云

复卷层云

国际名称： *Cirrostratus duplicatus*（缩写 *Cs du*）

所属类群： 卷层云属（变种）

实用观察信息： 多层卷层云同时出现，因高度不同而呈现出不同的色泽和纹路。如果卷层云有毛状结构且呈现出不同的朝向，即可判定为复卷层云。

复云是云的变种之一，其云层出现在不止一个高度上。要想辨识出复云，需要练就火眼金睛。有时，离开低空太阳光照射产生的光影或高空中风向的指示，我们就很难辨识出不同高度、相同种类的云。卷层云比较朴素，如果高空中有两层卷层云，会使蓝天颜色变白。要判断其高度，需要借助高空中风向的指引。

如果组成复云的是两层毛卷层云，毛状结构的细丝在高空风的作用下指向不同方向，不同高度的卷层云叠在一起会呈现出十字交错的纹路。如果组成复云的

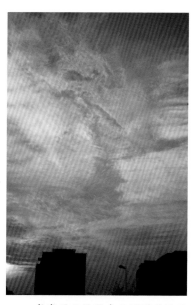

复卷层云呈现出无规则的纹理

是毛卷层云和薄幕卷层云，可以借助大气光晕现象来辅助判断，若日晕在毛卷层云的云丝缝隙处是连贯的，就说明后面还有一层薄幕卷层云。

相似的云

复卷云（见 P047）。与复卷云相比，复卷层云没有明显的丝缕状结构，而是在连接成片的基础上出现花纹般的纹理。

透光高积云

国际名称：*Altocumulus translucidus*（缩写 Ac tr）

别名：鲤鱼斑、老龙斑

所属类群：高积云属（变种）

实用观察信息：由较大的云块组成，排列紧密但不规则，颜色呈灰色，云隙间为白色，常呈波状排列。

透光云是云的变种之一，描述的是云彩的透明程度，可见于高积云、高层云、层积云和层云这四个云属中。其中，透光高积云覆盖大片天空时，常因特别的外观而格外引人注目。

透光高积云的云块呈现为薄片状或斑块状，云中大部分位置都比较透明。透过云块的缝隙，我们能看到太阳或月亮的位置，但看不到蓝天，因为云块缝隙间是较薄的白色云层。

如果想通过透光高积云预测天气，要看它自身的出现时机。阴雨天之后出现的透光高积云往往是晴天的预兆，如同民谚所说"昏昏云有雨，斑斑云要晴""天起麒麟壳，有雨不得落""要得天色落，起了乌龟壳"等。不同形态的透光高积云在民谚中被比作麒麟壳、乌龟壳，十分可爱。此外，透光高积云也经常出现波状等结构。

透光高积云呈波状排列

透过透光高积云能看到太阳的位置

相似的云

漏光高积云（见 P144）。漏光高积云的云隙间可见蓝天；而透光高积云的云隙是白色的较薄云层。

复高积云

国际名称：*Altocumulus duplicatus*（缩写 *Ac du*）
所属类群：高积云属（变种）
实用观察信息：由两层或多层高积云组成，云底位于不同高度，云体较薄。高积云呈现出不同的颜色时，就有可能是复高积云。

　　如果看过前面的章节，相信你对于复云这一变种已经有了一定的了解。辨认复云很考验眼力，对于低云族的复云，我们可以直接透过较低云层的云隙是否能看到较高的云层来确认，而对于高云族的复云，我们可以借助高空中风向对毛状结构的影响来进行辨认。

　　复高积云是中云族的复云，而中云族的云彩相比低云族要更透明，该怎样辨认呢？最好的方法是借助太阳产生的光影。假如天空中有两层高积云，当太阳在天空中的位置非常低时，照射到云上会使较低的那层高积云显得较暗，而较高的高积云则变得颜色通红，当高积云覆盖大面积天空时，这样的景象会非常壮观。当太阳在天空位置较高时，较高的云会呈现浅白色，而较低的云会呈现灰黑色。

　　如果较低的那层高积云是漏光高积云，那么透过云块缝隙，我们能够直接看到较高的那层高积云，这种情况就不用借助太阳啦。

从不同的云块颜色可以看出复高积云的多层结构

相似的云

复层积云（见 P170）。与复层积云相比，复高积云的高度更高，云体较薄。

较高的高积云为白色，较低的高积云为灰黑色

透光高层云

国际名称：*Altostratus translucidus*（缩写 As tr）

所属类群：高层云属（变种）

实用观察信息：云体没有明显的边界或结构。颜色为灰色或灰白色。透过云层可看到太阳光，地面上能看到物体的影子。

　　透光高层云，顾名思义，指的是透明度比较高的高层云。虽然云层本身没什么特征，看上去就是普普通通灰蒙蒙的一层，但透过这层云的大部分区域，我们能看到太阳或月亮所在的位置。日本人认为这种云的出现使整个天空变得朦胧，因而称其为朦胧云。

　　透光高层云是高高的、薄薄的一层云。它之所以使天空如此朦胧，往往是因为大量暖空气被抬升所致。如果潮湿空气继续上升，就会使透光高层云继续增厚，进而形成蔽光高层云，甚至雨层云。至此，一场降水便在所难免了。

透过透光高层云能看到太阳的位置

透光层云（见 P207）。透光高层云较高，地面附近不会有云雾笼罩；而透光层云可以明显让人感到其非常低。

卷层云（见 P238）。卷层云会产生日晕或月晕；而透光高层云只会产生日华或月华。

清晨的透光高层云颜色发暗

幡状高积云

国际名称: *Altocumulus virga*（缩写 *Ac vir*）
别名: 水母云、胡子云
所属类群: 高积云属（附属特征）
实用观察信息: 从高积云云体下方垂下的丝状结构，丝状结构有时竖直，有时因高空风的吹拂而发生倾斜。颜色为白色或灰色。

如果我们在天空中看到高积云下方出现了一些"小水母"，那就是幡状高积云啦。它们是云中掉落的小水滴或小冰晶遇到了下方温暖干燥的空气，蒸发或升华形成的。高积云下方产生的幡状云，在天空湛蓝色的背景下，格外像可爱的小水母。

云中掉落的小水滴和小冰晶，都可以被称作降水形式。如果降水形式在半空蒸发或升华掉，形成的附属特征叫作幡状云；如果降水形式能够一直延伸到地面，形成的灰黑色细丝状附属特征叫作降水线迹云。如果高空中

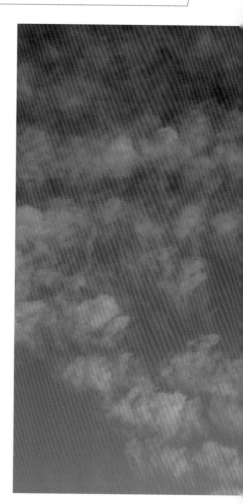

少量带有幡状结构的高积云块

有比较猛烈的风，会使这些细丝发生明显弯曲。对于北京这样的北方城市来说，如果天空中出现了幡状高积云，说明空气比较干燥，近期一段时间不太可能产生降水。

相似的云

幡状卷积云（见 P064）。幡状卷积云高度更高，母体云常为密卷云，且周围有卷云系统相伴；而幡状高积云常独立存在。

幡状高积云成群出现

积云性高积云

国际名称：*Altocumulus cumulogenitu*（缩写 *Ac cug*）

所属类群：高积云属

实用观察信息：积云向上发展、水平衍生后形成的高积云。其形态中依然有积云的一些特征。

积云多是在实时变化的，不仅形态会发生改变，云族也会发生改变。当对流旺盛时，积云会向上发展形成中积云、浓积云，当这些对流云消退时，则会在云顶部出现一些高积云，这就是积云性高积云。有时，积雨云在发展过程中，中间部分也会向水平方向延展，成为积云性高积云。

在2017年版《国际云图》分类中，积云性高积云已经不再单独列出，而在20世纪30年代版本的《国际云图》中，积云性高积云是作为一个云种出现的。我国气象部门的观测分类中，还会用到积云性高积云这个类别。积云性高积云是从云的形成角度进行的分类，与其他种类的高积云相比，它是由积云发展而来，需结合云的变化加以判断。

从积云云块可以看出演化为高积云的过程

北京奥林匹克森林公园上空的积云性高积云

维纳斯带

实用观察信息：日出前或日落后，出现于太阳对面低空中的、平行于地平线的粉色光带。大气透明度好的时候容易见到。

黄昏是风光摄影师们最钟爱的黄金时段之一。在太阳刚刚落下地平线时，如果你面朝西边，可能会看到地平线附近的天空呈现出金色甚至红色的光泽，色彩绚烂，令人沉醉。这时，如果你扭头回看东边天空，可能会发现另一个惊喜——维纳斯带。

维纳斯带是日出前或日落后出现于太阳对面低空中的一道粉红色光带。在北京，每年11、12月份，当大气透明度比较好的时候，很容易看到它。早在19世纪时，英国的观测者就注意到了这道颜色特别的光带，并给它起了一个浪漫的名字——维纳斯带。

维纳斯带也被称为"反曙暮光弧"。日出前或日落后，太阳光照射到空气中细小的颗粒上，发生散射，就会映照出这种美妙的色彩。在西方神话中，爱神维纳斯有一条有魔力的腰带，太阳对面低空中的这道光带，也好像有魔力一般，给看到它的人带来温柔的惊喜。因此人们也将这道光带称为维纳斯带。

日落后东边天空中的维纳斯带

地影

实用观察信息：日出前或日落后，太阳对面低空出现的一道暗影。晴天时容易见到地影与维纳斯带同时出现。

粉色维纳斯带与地平线之间的地影

　　前面我们说到，天气晴朗的时候，太阳落山后东边地平线附近可能会出现一道粉色的维纳斯带。当你看到维纳斯带的时候，一定也会注意到，粉色光带与地平线之间有一道暗影，这就是地影。

　　地影，就是地球的影子。太阳落山后，阳光从地平线下照射过来，把地球的影子映照到大气层上，就形成了我们所看到的这道暗影。北京秋冬季，当空气非常干燥清澈的时候，在清晨或傍晚，天气晴好时有可能看到地影。

　　假如我们能在日落后找到一片视野非常开阔的地方观察东边天空的地影，在周围没有什么建筑物遮挡的情况下，我们会看到地影在太阳正对面的天空中最高，并且从最高点向南北两侧略微倾斜地延伸出去。地影之所以呈现出这样的特征，是由地球的形状决定的。

253

阴

在日常的天气预报中，大家常常会听到"阴"这个字。那么，什么样的天空状态算作阴天呢？有人认为，全天大部分区域被云覆盖，不下雨，不下雪，也没有打雷闪电，这样的天空状态就是阴天。

相较于我们的日常概念，大气科学对阴天有更精确的定义。是否能称得上阴天，要看天空中的云量多少。如果中、低云总云量在80%及以上，阳光很少或不能透过云层，天色阴暗，这样的天空状况就是阴天。阴天时，我们看不到太阳或月亮。相比其他季节，北京冬季的阴天日数要多一些。

阴天时，覆盖天空的云通常是蔽光高层云。随着时间流逝，阴天的状态可能持续很久，也可能会带来降雨或降雪。

浓密的积云性层积云产生的阴天

12 月

公历 12 月，我们迎来了寒冬。

按照 21 世纪二十四节气的北京时间，对应公历中的日期范围，大约每年 12 月 6 日—7 日会迎来大雪节气，12 月 21 日—22 日会迎来冬至节气。冬至这天是北半球一年当中白天最短的日子，冬至正午时的太阳在一年当中高度最低。冬至之后，白天渐渐变长，但寒冷的天气却开始变本加厉。民间的数九就是从冬至开始的。

近十年来，北京 12 月的最高气温在多数年份不到 10 摄氏度，而最低气温则在 -10 摄氏度左右。多云和阴天的日子通常不到 10 天，降雨日数几乎为 0，降雪日数平均为 1 天。

在这样寒冷的月份，天空中很容易出现冰晶云，如卷云、卷积云、卷层云等。

北京颐和园雪景

卷云

国际名称：*Cirrus*（缩写 *Ci*）

所属类群：高云族（云属）

实用观察信息：云体呈丝缕状，好像用笔刷在天上刷出的条纹或羽毛。颜色多为白色，较透明。北京地区终年可见，春秋两季更为常见。

转眼，我们来到了 12 月。

自 1 月以来，我们认识了一年中各种各样的云天现象。在 1 月的内容中，我们首先介绍的云属是卷云。它是整个天空中最缥缈、最高的云。这种由小冰晶组成的薄云，在高空中强风的作用下呈现出各种好看的形态，丝丝缕缕，在蓝天的幕布上轻纱曼舞。

在寒冷的冬季，我们很容易看到卷云这类的冰晶云。如果卷云逐渐铺开，发展成雨层云，便会为我们带来降雨或降雪。如果高空中的空气比较干燥，太阳光照射到云中的小冰晶上，会产生好看的日晕等大气光学现象。

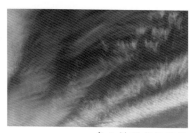

卷云排列成辐辏状

卷云一共有 5 个云种、4 个变种（见 P012 的 2017 年版《国际云图》云彩分类表）。

相似的云

卷层云（见 P238）。形态方面二者有一定相似，但卷层云不像卷云那样有明显的边界。

卷云中丝丝缕缕的结构

钩卷云

国际名称：*Cirrus uncinus*（缩写 *Ci unc*）

所属类群：卷云属（云种）

实用观察信息：丝丝缕缕，形如逗号，少数时候形如火柴。独一无二的钩子状特征很容易识别。

钩卷云在民间通常被称为"钩云"或"钩钩云"，钩子状外观是其独有的特征，就像高空中冰晶组成的细长云丝在尾端打了个钩，这是云中下落的冰晶和强烈的风切变共同形成的杰作。水平风把下落的冰晶吹向前方，形成长长的尾巴，所以钩卷云运动的方向与其给人的感觉正好相反：并不是钩在前尾在后，而是尾在前钩在后。

在某些特殊情况下，我们需要仔细辨别，例如丝缕状卷云的一端出现小云团，以及有类似直角弯折的卷云，也可判别为钩卷云。人们很早就注意到了钩卷云

顶部团块不明显的钩卷云

258

的特别形态，并将其作为天气变化的指示标志，如同民谚所说"云钩午后排，大风刮起来""钩钩云，雨淋人""南钩风，北钩雨"等。

相似的云

幡状云。钩端的云如果云团很小或几乎看不见，并且云团上没有浑圆凸起的结构，可判断为钩卷云，否则就有可能是幡状云。

顶部曲折的钩卷云

辐辏状卷云

国际名称：*Cirrus radiatus*（缩写 *Ci ra*）

别名：车轮云、彗尾云

所属类群：卷云属（变种）

实用观察信息：薄薄的丝缕状卷云聚合成条状，在天空中并排排列。由于透视效应，看上去好像汇聚于地平线上一点。

　　天上如同丝缕的卷云经常会出现一种形态上的变化，它们会聚集成条状，并且排列成行，这就是卷云的变种——辐辏状卷云。

　　在众多辐辏状云中，辐辏状卷云是最常见的变种之一，因为卷云本身便是高空风水平流动的结果：当小冰晶从高空降落，遇到强烈的水平风切变，就能呈现出丝缕结构，形成钩卷云、毛卷云、絮状卷云等。而稳定的高空气流也是形成辐辏状云的条件之一，它会将云修理成长条形。可以说，辐辏状云和卷云最容易凑在一起。

絮状卷云排列成辐辏状

多种卷云排列成辐辏状

北京的秋冬季盛行西北风和西南风，此时的卷云常出现西北辐辏和西南辐辏，辐辏发出的方向就是风和云飘来的方向。辐辏状卷云的形态也各不相同，比如辐辏状的絮状卷云和辐辏状的密卷云相对比较多见。很多时候，辐辏状卷云也伴随着辐辏状高积云一同出现。

相似的云

其他辐辏状云。 与其他辐辏状云相比，辐辏状卷云是最常见的一类辐辏状云，云体薄、辐辏明显，带有丝缕状结构。

成层状卷积云

国际名称：*Cirrocumulus stratiformis*（缩写 *Cc str*）
别名：鱼鳞云
所属类群：卷积云属（云种）
实用观察信息：许多卷积云的小云块互相连接或紧密排列，形成层状结构。当遇到清晰的、大范围出现的卷云时，就有可能在其附近找到小小的卷积云。

　　如果遇到大范围的成层状卷积云，那一定是非常壮观的场景——漫天布满细碎的云，好像小羊毛卷儿般，或者说很像细细的鱼鳞。这种细鱼鳞云在民间有较高的认知度，也被称为"鱼鳞天"，但需要将它与另一种粗鱼鳞云"鲤鱼斑"相区分，鲤鱼斑指的是高积云，而鱼鳞天多指卷积云。卷积云，特别是大范围卷积云的出现，一般被认为是坏天气的预兆，因为冷空气总是会在高空先期到达。

　　很多成层状卷积云非常漂亮，除了卷积云的细小团块特征，还经常伴随着复杂的波状纹路，以及一些细小的丝缕结构。和大多数卷积云一样，成层状卷积云虽然范围较大，但持续时间不会太久，这也决定了鱼鳞天是一种稀有且漂亮的云天景观。

成层状卷积云中出现了波状纹路

细小的卷积云成层分布，周围有卷云相伴

相似的云

卷层云（见 P238）。与卷层云相比，卷积云成层后依然可以分辨出团块，且成层后依然有边界。

蔽光高积云

国际名称： *Altocumulus opacus*（缩写 *Ac op*）

所属类群： 高积云属（变种）

实用观察信息： 云体厚，不透光。颜色呈灰黑色。很像阴天的高层云，但云上有纹理。

　　并不是所有的高积云类型都轻盈美好、拥有漂亮纹理且预示着当日的好天气。蔽光高积云就是高积云属当中相对有些低调的变种。当天空变得有些阴沉，云块增厚，但云层依然比较高，完全遮蔽住太阳或月亮，使我们难以找出日月的确切位置，这时的云便是蔽光高积云。

　　蔽光高积云一般缺乏纹理，它不会像透光高积云那样显示出龟壳般的纹路，当然也没有那么多光线可以从云体中透出。一般来说，蔽光高积云同时有着成层状的特性。如果蔽光高积云继续发展、连接，就可能形成比较厚的高层云，甚至发展成雨层云。因此，当我们看到天空中有这种云，就意味着与晴朗的天气无缘了。

蔽光高积云完全遮蔽了太阳光

蔽光高积云有时会形成阴阳天

相似的云

蔽光层积云（见 P124）。与蔽光层积云相比，蔽光高积云的高度较高，不会在视觉上产生压迫感。

阴阳天

方片形阴阳天

　　阴阳天是一种令人赞叹的天象：天空呈现出一边为阴天、一边为蓝天的模样，且阴晴两边的边界清晰如刀切斧砍。其实，这个所谓的"阴天"并非我们通常所说的高层云产生的阴天，而是薄薄的成层状高积云遮蔽了部分天空。成层状高积云犹如天上的羊群挤在一起，原本应该是小团块分布的高积云连成片，形成了略有纹理的一层云，而这层云也犹如整齐的羊群那样，飘到哪里都边界清晰，绝不拖泥带水。

于是，当成层状高积云整齐入侵到晴朗无云的蓝天上时，我们就能看到阴阳天的奇景。虽然阴阳天在《国际云图》分类里并没有被单独列出，但在用于监测云种发展变化的"云天编码"系统中，将高积云系统地入侵天空列为 27 种编码当中的一种。

　　观察阴阳天时应注意其边缘，那里经常会呈现出一些细细的绒毛状结构，甚至有旋涡状的小细节。比普通的阴阳天更加稀有的是方片形阴阳天，它存在两个以上的锐利边缘并且至少有一个角，出现在天空中尤为可爱。

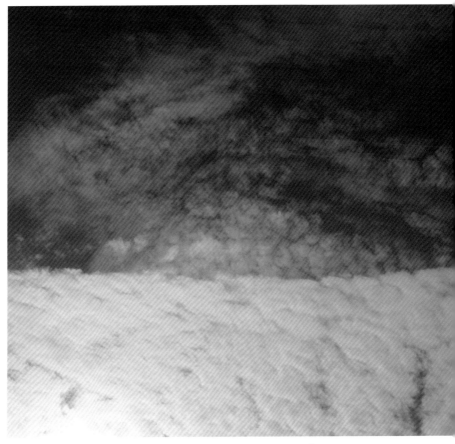

阴阳天呈现出清晰整齐的边界　　267

航迹切割线

实用观察信息： 云层中由于飞机飞过而切割出锐利的缝。在飞机飞行路径上可见。

有时候，我们会在蓝天白云的景象当中看到一条锐利的缝，就好像白云被人为划开了似的，这确实是人为造成的结果，是飞机飞过后在云中形成的特征，即航迹切割线。

当飞机穿过云层时，机翼周围的湍流促使云中的过冷云滴冻结成冰晶，再加上尾气中喷出的微小颗粒也会在空气中充当冻结核，促使云中的云滴以此为核心发生冻结，由此形成的冰晶长大、下落，在下方温暖干燥的空气中升华掉，便给云层中留下一道长长的空隙。

飞机切割高积云产生的切割线

多云天空中的航迹切割线

马蹄涡

别名：马蹄云

实用观察信息：云体呈半圆形，好似马蹄形状，较为光滑。在积云逐渐消散时容易看见。

　　云彩世界中有很多可爱的小家伙，其中最受观云者喜爱的之一便是马蹄涡了。这种云形似马蹄，既不是很常见，且存在时间短暂。要想看到它，需要目光敏锐，再加上几分好运气。

　　马蹄涡也叫马蹄云，通常马蹄开口朝下。之所以呈现出这种特别的弯曲形状，说明其所在区域存在着垂直方向上的旋转气流。形成之初，这缕小云就好像一根平直的小棍，在上升气流的作用下旋转起来，中央部分拱起，变成开口向下的C形。在极个别情况下，也可能会有水平方向上的旋转气流，使马蹄涡变成弯月状。

黄昏天空中同时出现两个马蹄涡

在积云渐渐消散的过程中容易形成马蹄涡，不过持续时间通常不会超过一分钟。马蹄涡的存在也仿佛在告诉我们，要想在云彩世界中发现尽可能多的乐趣，不要只是随意抬头一瞥，试着把关注的目光稍微停留得久一点，多观察一会儿，多搜寻一会儿，你就可能遇到更多的惊喜。

细小的马蹄涡隐藏在几片积云中

相似的云

碎积云（见 P062）。碎积云有时也会被风吹成半圆形；而马蹄涡开口向下，有一定厚度，云体运动方向朝上。

271

霾

　　雾霾，指的是雾和霾两种天气现象的合称。雾是地表空气中大量悬浮的微小水滴，而霾则是大量细微的干尘粒均匀浮游在空中。雾和霾经常同时或相继出现，就形成了我们通常所说的雾霾天气。空气中悬浮颗粒的直径小于或等于2.5微米时，就是我们通常所说的PM2.5（中文名称为细颗粒物），它是用于计算空气质量指数的参数之一。

雾霾到来前的天空

雾霾中的太阳

  雾霾与人类活动密不可分，燃煤、汽车尾气、工业废气等，都会使悬浮在空中的细小微粒增多。雾霾天气出现时，各种悬浮颗粒飘浮在大气中，使空气的能见度变差，甚至混浊。雾霾严重时，较差的空气质量对人们的生活和身体健康都会造成一定的负面影响。

  近几年，一系列治理措施的实施，使雾霾得到了一定治理，中度和重度雾霾天气有所减少，空气质量有所好转。但解决大气污染问题依然是未来一项艰巨而长期的工作，需要大家共同参与。我们只有一起践行绿色生活方式，善待大自然，才能欣赏到更多更美好的云天景观。

中文名称索引 *

---

* 本书涵盖了 2017 年版《国际云图》中所有云属与变种，除"滚卷状高积云"和"滚卷状层积云"外的所有云种，以及绝大多数附属云和附属特征。按云底高度，在索引中降序排列。跨越多个云族的云属（积雨云和雨层云）排在最后。

其他的云、大气色彩、大气光学现象、电学现象以及天气，按首字拼音顺序排列。

275

国际名称索引 *

---

* 2017 年版《国际云图》中的云属、云种、变种、附属特征与附属云的国际名称索引。

277